U0810625

姑娘，
精致比有趣
更重要

席音—著

中国出版集团 现代出版社

图书在版编目（CIP）数据

姑娘，精致比有趣更重要 / 席音著. -- 北京：现代出版社, 2018.12

ISBN 978-7-5143-7548-0

Ⅰ.①姑… Ⅱ.①席… Ⅲ.①女性－修养－通俗读物 Ⅳ.①B825.5

中国版本图书馆CIP数据核字（2018）第274547号

编　　著	席　音
责任编辑	杨学庆
出版发行	现代出版社
地　　址	北京市安定门外安华里504号
邮政编码	100011
电　　话	010-64267325 64245264（传真）
网　　址	www.1980xd.com
电子邮箱	xiandai@cnpitc.com.cn
印　　刷	三河市祥达印刷包装有限公司
开　　本	880mm × 1230mm 1/32
印　　张	7.5
字　　数	156千字
版次印次	2019年4月第1版　2019年4月第1次印刷
标准书号	ISBN 978-7-5143-7548-0
定　　价	39.80元

版权所有，翻印必究；未经许可，不得转载

序　永远不要低估一个精致的女人

我因为工作关系，曾在巴黎生活过一段时间。

行走在巴黎街头，恍然觉得风都是有香气的，这是女人们身上香水的味道，不必特意寻找，就常能看见衣装得体的老太太，踩着小高跟，牵着小狗悠闲散步。

每每遇见，我都心生感慨，感觉瞬间充满了让自己变得更好的动力。一个能让自己精致到细节的女人，不论有几分美貌、年龄几何，都是不容低估的。她们愿意用心生活，才有了一路走来的优雅从容。

美丽的女人不一定是精致的，但精致的女人一定是美丽的。

有一部在全世界都很受欢迎的美剧《了不起的麦瑟尔夫人》，讲的是一个被丈夫背叛的女人，从普通主妇到人生赢家的故事。

无论生活经历了什么不幸，麦瑟尔夫人都严格要求自己，以精致的人生态度，把自己本不顺遂的人生过到了极致。

所以，姑娘们，精致的生活不应该只出现在你的想象里。它应该深入你的日常，进入你的灵魂，让你变得从容而优雅、淡定而智慧。

生活精致的女人，活在午后的咖啡厅里。她涂着红唇丹蔻，端起咖啡的时候，仿佛听到什么有趣的事情，笑得花枝乱颤、眯起了一双漂亮的眼睛。

生活精致的女人，活在加班的格子间。她的桌面一丝不乱，角落里蓬勃生长的绿植让这片小小的天地染上了色彩，而手边的滴眼液则提醒着她，始终注意休息和健康。

生活精致的女人，活在不期而遇里。她走过的时候带起一阵幽香的风，你回首看去，只有一个娉婷袅娜、气质优雅的背影，但每个举动都是美的。

生活精致的女人，活在喧嚣的社交场上。她如同一朵灿烂生长的红玫瑰，刺是她凛然不可侵犯的尊严，花瓣是她吐露的甜言蜜语，听她说的每句话，都恰到好处。

…………

精致的女人有千面，她可以是任何一种美的样子。这样的女人，绝不会被人怠慢。

真正的精致，不是过于追求一种小资的、悠闲的、享受的生活，不是富太太式的空虚富贵，而是活在骨子里的一种态度。

每个姑娘都应该活成精致的模样。

若有气质藏于心，精致便不会流于表面，荆钗布裙一样不掩优雅，历经岁月一样温润如初，想来，这才是一个女人最好的样子。

目　录
contents

Part 1
过有态度的生活

Part 2
活得精致，才会有气质

Part 3
学会打理你的人生

Part 4
会爱自己，也爱别人

Part 7
长得漂亮不如活得有趣

Part

❶

过有态度的生活

你对生活的态度，决定了生活它如何对你

幸运总是青睐那些认真生活的人。

如果你去探寻一个人幸运背后的真相，就会发现每一次的惊喜与好运都不是毫无来由的，它们往往源于你曾经为之所做的努力或者一个用心的细节。

生活其实很公平，你以什么样的态度对待自己、对待人生，它就会以什么态度对待你。

懂得经营的人，就算拿了一副烂牌也一样能逆袭登顶；不懂生活的人，就算开局时幸运加身，也不一定能走到最后。

小杨像很多姑娘一样，常常在感慨，自己只是活着，而别人才是生活。

她常常跟我诉说那些心酸和无奈：

自己生日的时候，是在外地出差，亲朋的一声问候就已经是极致的温暖；别人生日的时候，是宾客满堂，是香槟塔和多层蛋糕、漫天的气球与浪漫表白。

自己的下午，是拼命赶方案，只为了这天能够按时下班；而别人的下午，是在香气萦绕的咖啡馆里，开一场轻松活泼的

小组会议。

自己的周末，是中午才响起的闹钟、满屋的外卖盒与泡面盒；别人的周末，是烘焙的小甜饼、盛开的鲜花和朋友聚会……

我们大多数人都在生活的道路上疲惫地奔跑着，那么辛苦却不敢掉队，明明青春正好，却觉得皮囊之下的灵魂已老，已经在这场人生的奔跑中消磨殆尽。至于沿途的风景，没有精力去看，也早已失去了好奇心。

“对我这样的年轻人来说，活着已经这么艰难了，哪还精致得起来啊！”小杨颓靡地抱怨着，一个大大的“丧”字仿佛已经具现化在了她的脸上。

“你觉得，什么样的人才是精致呢？什么才是真正的生活？”关于她的疑惑，我很好奇。

精致是什么呢？为了生活，我们常常会做一些看起来不那么浪漫的妥协，有时候会在奔波中变得狼狈，但这并非不精致。你此刻的汗水、辛劳和不堪，都是理想的明天不可或缺的一部分。

一个独立的女人，真正的精致是有安身立命的本事、有不可替代的技能、有跟别人叫板的底气和自信，而不仅仅是活得如同好看的花瓶，却只可亵玩、无关紧要。

在这个基础上，精致与否取决于你对生活的态度。不论你此刻从事着怎样的工作、身处什么环境，只要有足够“精致”的生活态度，就够了。

我问小杨："你总是羡慕别人的生活，难道你真的做不到吗？至少，在周末做一次大扫除、烘烤一次小饼干，或者给自己买一束鲜花，总是能做到的。"

而这样微小的改变，就足以改变你的生活态度了。

小杨却愣愣的，最后挥了挥手说："哎呀，我哪有那个闲心啊？有时间还不如多躺一会儿呢！"

你看，这样的态度才是她过不上理想生活的根本原因。

她和很多年轻姑娘一样，有足够的自由和刚刚能花完的工资，有小小的任性和对生活的美好期盼，也有不愿去改变的懒惰和常常浮在心头的灰心丧气。其实，她的生活可以过得更好、更精彩，她有足够的时间能去培养一个爱好、拥有好的生活习惯，又或者让日子过得充满仪式感。但她没有，而是选择了去羡慕别人、将自己关死在颓丧的怪圈里。

不是生活太无趣，是她强迫自己过得太寡淡。

像小杨这样的姑娘，实在是太多了。事实上，再积极的人也容易落入这样的陷阱中，怨天尤人，而不记得改变自己的态度。

我的朋友圈里，R小姐一直是个难得表里如一的"小太阳"。她在社交软件上的所有发言，都显得活力满满、拼劲十足，而难得的是，她的确就是这么想的。

她喜欢自己的工作，永远都对未来充满希望，遇到问题总爱往积极的地方想。就算最艰难的时候，租住在十平米的地下室里，她也会记得在角落种一盆喜阴的植物，让生活多一点色彩。

这样的姑娘就像杂草一样，就算周围的环境再恶劣，也永远会生机勃勃、活力满满。杂草之所以长得热烈、活得肆意，不是因为环境太幸运，而是因为自己足够强大。

但R小姐也一样陷入过自怜和困扰的状态。那大概是一年前了，一向乐观的她受了接二连三的打击，先是准备很久的职业考试意外滑铁卢，接着就是升职受阻，相恋多年的男友一个人去了国外，家里又遇到些小麻烦……一时间，她的生活节奏完全被打乱了。

那阵子的她暴躁易怒，好像变了一个人。每周都去的健身房自然顾不上了，时不时拿起的画笔搁置了几个月，平时总能按时完成的工作，也出现了不少纰漏……等到解决完突发的问题，她突然发现一切都变了。

她变得不那么幸运、不那么快乐了。

“是不是所有事都在跟我作对？”她经常跟我们抱怨。

她觉得自己的工作变得不顺心了，以前总是信赖她的上司现在常常质疑她，搞得她更加不愿将心思放在工作上；想要重新准备考试，却因为上次不成功的阴影而迟迟不愿开始；男友在国外经常说，她变了个人一样总给他带来烦恼；妈妈总是小心地问她，怎么总不记得给家里打电话……

以前从未出现过的问题，为什么现在都出现了呢？

我再见到她的时候也吓了一跳，这还是之前那个总是干练爱笑、将一切收拾得整整齐齐的R小姐吗？穿着皱皱巴巴的衬衫，屋子乱七八糟地堆着生活用品和垃圾，灯泡坏了也不记得换，站在黑黢黢的屋子里无精打采地冲我招手。我想，我知道为什么她会面临这么多问题了——她的生活态度完全改变了。

那天，我帮她打扫了屋子，换洗了窗帘和床单，买了一堆新鲜蔬果塞满了冰箱，再换了一盏漂亮的新灯。开灯的那一刻，我看到她因为屋子突然有了光而不适地眯了眯眼睛，说：“好久没把屋子看得这么清楚了。”

她深呼吸了一口，重重地躺在床上，说：“突然发现，我的屋子好久没有这么清爽了。”

“是啊，你的生活也应该像以前一样清爽了。”我说，“你先回到正轨，一切就都会变好的。”

R小姐终于下了决心，渐渐又回到了过去的生活状态。她用重新开始的态度对待工作，获得了上司的信任；适应了和男友异地的生活，两个人磨合出新的状态；再一次找到了乐趣，开始学起乐器……看着她一天天变好，没有人比她自己更开心了。

别人都没有变，生活却仿佛有了光，都是因为我们的态度改变了。

你用什么样的眼光去看世界，世界就会以什么状态呈现在你眼前。拯救自己的超人不会凭空而来，他就是你自己，是你迟迟不肯下定决心改变的态度。

爱美是一件天经地义的事

朋友的母亲W女士，在读书的时候就是一个异类。在那个风气尚不算开放的年代，一个女孩愿意每天将自己打扮得精致漂亮，似乎就是一件有些过分的事情了。

你可以爱美，但是爱美似乎被人人为地划定了一个限度，一定要维持在“爱美但又不执着、美丽但不过分”的状态，既要让自己保持着美丽，又要在别人面前看起来漫不经心、毫不在意，这样才算是一个清纯有趣的美人。

如果你是一个时刻精致的女人，让自己的美丽太过分了，一站出来就仿佛鹤立鸡群，那就是你的错，是你妖妖俏俏、不务正业，是你心思太过不单纯。

我觉得很有趣。在那个欲望被压抑的年代，在过去讲究含蓄的时候，任何一种直白的人性诉求都被斥为不体面。所以，就算是你想要更漂亮、更美、更精致一些，也会被别人错误解读为过度修饰。

W女士和那些瞻前顾后的姑娘不一样，她很坦然地表达自己对于美的追求。“我就是爱美，很喜欢美的东西。”她摩挲着过去的照片这样说，“就连扎头发的手绢，我也要经常换新的花样，每一次出门就把鞋子擦得干干净净，头发一丝不乱才行。”

记得有人说过，看一个人是否活得精致，就要看她们的头和脚。不管身上穿着再华丽的衣裳、戴上价值几何的首饰，只要脚下的鞋子有脏污、头上的发型未打理，都不算是一个精致的人。

最多就是暴发式的有钱罢了，谈不上让人一眼便知的精致和气质。而有气质的女人，之所以荆钗布裙不掩国色，是因为用荆钗也会将头发绾得一丝不苟，穿布裙一样可以洗得干干净净，所以才会看起来就不与人同。

一个女人若是连打理自己外表的心思都没有了，她定然觉得生活没什么趣味，不是忙碌到已经无所顾忌，就是颓丧到毫无动力，又谈何精致与魅力？

而一个斗志满满迎接每一分钟的女人，一定会花心思追求美，这是人的天性。既然如此，为何要对爱美的人又有那么多苛刻呢？至少她们在用行动告诉所有人，自己有多么爱这个世界。

这样看，W女士真的掌握到了精致生活的精髓。但就是这样，才会让她与周围的人显得格格不入，于是排挤和流言也就应运而生。

“这么爱美，心思都不用在正地方，成绩一定不行。”

“又不是高干子弟，干吗每天打扮成这样？太高傲了。”

“每天花这么多时间打扮，是想去勾引谁？”

…………

悄悄的猜测有之，因为外表而产生的隔阂与疏远有之，恶意的评论有之。但就算是所有人都对她热衷于打扮而心怀恶意，年轻的W女士还是从未停止过这样做。

“爱美有什么错呢？我每天打扮得开心，就会觉得生活都有动力。”W女士说，“难道为了合群，就要让自己和别人一样变得更差，而不是大家一起变得更好吗？”

事实上，W女士虽然花费了不少精力在修饰外表上，但是业务能力也是一点不差。学生时代她就是成绩很好的姑娘，在一众稳重朴实的学霸当中，仿佛是个走错场合的大明星。毕业后她的能力也是数一数二，哪怕是最落魄的时候，在商场做销售，她的柜台也总比别人的客人更多。

爱美并没有让她分散精力。相反，因为爱美所以时刻想要用最好的状态出现在别人面前，让W女士受不了一点不体面。所以，不落人后也就成了外在体面的一种追求，让她在任何一个地方都做得很好。

爱美的女人都拥有这样可怕的力量。你永远不知道她们时刻保持精致的外表，是在背后花了多少时间。愿意比别人起得更早去收拾自己的头发和妆容，愿意晚上睡前花费精力去保养自己的皮肤，而且数十年如一日地坚持，单单是这份毅力就值得佩服。

所以，可不要惹急了这样的女人，她们能爆发出什么潜力是你难以想象的。

现在，终于没有人再像过去一样对爱美者抱有那么多恶意了。人们不再吹捧素颜至上，也觉得画一点妆是对别人最好的尊重，也开始接受对美所怀有的渴望。他们终于明白，对美的渴望不是肮脏下流的，是一个人从出生开始就具有的天性。

我们天性如此，向美而行。

要过精彩的生活，要有精致的人生，就要有追求美的态度。一个连外表是否得体都无所顾忌、自己是否美丽都无从认识的女人，生活也一定是一塌糊涂的。她的生活也许会忙碌，但都是不清晰的白忙，是会让自己烦躁的乱忙，是未来毫无把握的瞎忙，而只有她有心情去爱美了，才是生活被打理得井井有条的时候。

“每次我不化妆去上班的时候，同事就知道我的心情一定不会好。”朋友告诉我，“因为那几天的工作一定忙乱到我都没有心情顾及外表了。”

而这样的生活并非充实，只是朋友的噩梦而已。也许是一个大项目的deadline，需要她付出一百二十分的努力才能按时完成，不得不背水一战；也许是一个意料之外的问题，打乱了她本身的计划，导致她不得不踉跄前行；也许是出了什么差错，需要加班加点去弥补……总之，不是一个正常的充实状态。

这样的状态每个人都有过。在这些日子里，你不仅没有心思关注自己是否美丽体面，甚至连吃饭的时间都可能忘记，连睡觉都是能省则省。几日下来，工作或许完成了，可整个人都是浑浑噩噩的，不仅身心疲惫，更容易心情低落、脾气暴躁。

这不是充实，只是意外。真正的充实，应该是你记得睡前戴上眼罩热敷，早起时还会喝一杯温水，能有时间画一个体面的妆容，再开始一天的工作。这是一种秩序感，只有生活在秩序中，你的充实才会让自己觉得适应，才会是一种清晰的、有时间思考的、有目标的长期充实。

“真的恨死了自己蓬头垢面、作息不规律的样子。”朋友叹息着说，“那样说明我又没有完成任务，在最后挣扎中。”这样的挣扎，时间长了就会让她怀疑人生。

没有时间逛街，没有时间看剧，没办法和男友一起约会，没心情跟朋友讨论八卦……年轻女孩的乐趣好像一个都不剩了，只剩下工作无休止地不断循环。这样的日子，并不好过。

所以，希望你永远都有爱美的心情，永远生活在自己所打造的秩序中，不紧不慢、有节奏地前行，这不仅是精致的生活，更是一种人生享受。

活得精致是因为自律

常常有些人羡慕明星的生活，猜测她们有多么轻松、多么自由，每天只要负责“美”，自然会有人包办一切。若是你因为懒惰和向往轻松才羡慕明星的话，大可不必了，因为一个活得如此精致、在媒体面前毫无死角的明星，背后一定过着自律的人生。

在一个社交网站上，我又一次看到了某当红女明星的八卦。这位女星近些年步入婚姻、有了自己的孩子，关于她怀孕后暴肥、生产后又迅速瘦下来的新闻时常会被人提起。

大部分网友都说：“不愧是明星啊，基因就是好，别人生完孩子都发福了，她还是那么瘦。”两个字“基因”抹杀了女明星背后的所有努力。

但女明星产后迅速瘦身的比比皆是，真的是因为基因吗？总有些人是天生的瘦，但也有更多是源于后天的努力。靠着外表吃饭的女星，以美丽的姿态出现在人们面前已经成为一种责任、一种职业素养，所以她们更愿意花时间和精力快速瘦下来。其中消耗的汗水，是每个轻飘飘羡慕的人所不能体会的。

与其佩服基因，不如归于自律。正是因为自律，她们才能活成你羡慕的那个精致的样子。

长期的自律，可不是一般人能做到的，她们所付出的未必比你少。你所向往的精致生活，不过是因为你不够自律，所以才不能做到。

最直白告诉我这句话的，是我在研究所的一位前辈。前辈年纪不小了，外表看起来却是我同龄人的模样，满满的胶原蛋白感令人感慨。保养成这样并不容易，我几乎每天都会看到前辈抽时间在健身房挥汗如雨。

常常是深夜的九点多，前辈结束了一天的工作，还要去健身房锻炼一个小时。这样的坚持已经长达几年，即便中间可能会有断续，但从未放弃过。正因为如此，前辈才能在每日伏案的工作中，依旧保持着非常完美的身材和力量，也让她永远有精力。

“前辈，你都不会累吗？”我常常觉得前辈的工作状态，就是在燃烧生命——实在是太拼命了。有时候她只需要睡五六个小时，就可以爬起来工作一天，于我而言简直是天方夜谭。

“健身不仅可以让我感觉自己更年轻，而且也让我永远活力满满。”前辈说，“这样才不会在工作的时候感觉力不从心啊！”

而坚持健身，不过是前辈自律生活的一部分而已。她喜欢有秩序感的生活，一切都在自己的目标和计划当中进行，走每一步之前都预先知道，所以才能走得自信满满、毫无担忧。

于是她将一切都写进自己的日程表，每一日都只有一个目标——完成它！我从未完成过自己的日程，每天总会因为想要放纵一下而错过、耽误什么工作，但前辈不会。基本上，查阅了她的日程表就掌握了她未来一天的轨迹，完成日程是常态，如果在日程所写的时间地点你找不到她，那才是意外。

能这样坚持，也是一种自律。更令我佩服的是这样的坚持毫无趣味，有时还会令人懈怠，但前辈从未忘记和放弃。

就像她从不熬夜，每天坚持十一点睡觉，被嘲笑老年人作息也毫不在意；就像她离家在外，还是每天给母亲打一个电话，不论多忙都会记得；就像她永远说一不二，约好什么时候完成就什么时候提交……她的自律在别人看来也许是一种枯燥无味，但给她的是一个有态度的人生。

自律是你应该有的人生态度，没有它，大概我们都会错过一些东西。我想，这就是当时的我为什么总不如前辈走得更快的原因，未必是我走得比前辈慢，不过是因为她在自律中走得更稳健。

越是年少的时候，就越是对“自律”二字嗤之以鼻。

我是个骨子里强硬又离经叛道的姑娘，即便走在别人想要我走的道路上，也只是因为我高兴这样。所以这样的我，很不喜欢被条条框框所约束，哪怕这样的条框是自己所设定的，我也总有冲动要去打破它。

人生嘛，不就是在自己的能力范围内让自己更自由一些，想做什么做什么，想吃什么吃什么，不要顾忌那么多，才会开心？所以，自律是与我无缘的。

明明今天打算要做一个项目策划，完成到一半的时候，突然看到窗外阳光正好，春天这样短暂，为什么还要待在屋子里？于是咬咬牙，也就抛下一切跑出去了。在外面游荡一天，内心又轻松又焦虑，轻松于这种“逃课”式的刺激，从中感受到一丝打破无趣的窃喜，也焦虑于自己尚未完成的工作。

这样的场景，常常出现在我过去的生活中。如果说没有逃课就没有读过大学，那我从中学开始就一定读得精彩纷呈，挑战权威、挑战约束，是我生命中最大的乐趣。

可越是年长，我就越觉出自律的重要性。曾经以为的离经叛道，不过是因为在自律的困难面前，我选择了一条自己更喜欢、更轻松的路。这样的选择并不比别人更高尚，那些羡慕我如此，却又还是低头认真学习、工作，按部就班完成计划的人，才是最值得推崇的。

追逐享乐的欲望也许没有错，但是在欲望面前依旧能保持自律，压抑自己短期的欲求去追索更长远目标的人，才是赢家。

所以你会发现，那么多人在离开无所畏惧的青春期之后，开始逐渐变成无趣的大人。他们不再喜欢追求一时的欲望，而是选择了你曾嗤之以鼻的按部就班。也许他们的灵魂还是很有趣，但这样的有趣不再用最出乎意料的方式展现出来，而是显得更加理所当然。

这在很多人眼里，“有趣”就变得大打折扣。

然而如果要牺牲自律去换取这样的趣味，我宁愿自己选择自律。对我而言，我不会后悔曾经不自律的人生，那是我青春中独一无二的回忆，但我也希望自己的未来可以更自律一些，因为短期的压抑，是为了完成我更长远的梦想。

我们变成了大人，是因为主动接过了曾经想做而不敢做的事情，将沉重万分的理想背在肩上，所以不能跳脱，只能负重前行。这才是真正的酷，是逃课不能给你的满足。

如果一定要碰得头破血流，才知道自律的人生并不乏味，那这样的危险也是值得承受的。但在那之后，请用自律的态度去对待你的生活，不要令将来的自己失望，好吗？

你需要一点秩序感

我跟老师在日本大阪出差。那是我第一次去大阪的园区，干净、规整、有条理……一种浓浓的秩序感充斥在园区的每个角落，似乎打扫卫生的阿姨一举一动都经受过专门的训练、有特殊的仪式要求。

“20年前我来这里的时候，一切就跟现在一样。”老师慨叹地看着周围的环境，“你看这里的宾馆，历经20年还像新的一样，就连停车场的规划也从未改变。”

“这说明了什么呢？”他自问自答地说，“说明日本人保守、固执，也说明他们有秩序感。”

他们对秩序的遵守甚至让人觉得古板。就算马路空荡荡的，行人也小心地走在规划给他们的窄窄的路上，哪怕绕一个大圈、路口再小再窄，也务必沿着斑马线走一个“直角”。他们习惯于生活在这样的秩序之中，没有丝毫违背。

这也让他们的生活变得简单、清晰。没有那么多投机取巧的选择，没有那么多烦扰内心的犹豫，迈步即可向前，少了许多走错的危险。

有些时候，我们缺乏的就是这样一点秩序感。

很有趣，在日本出差时给我留下印象最深的，竟然是宾馆。也许正是因为宾馆太过私密了，我能最近距离地窥见当地人的生活习惯。

秩序感时刻体现在宾馆的每个角落。

如老师所言，20年过去，这里的一切看起来还很新。光洁的木地板上铺满了短绒地垫，这看起来就不好清理，却没有丝毫脏污和不洁的感觉。

一个单人间里，能看到三双不同用途的拖鞋：

第一双在玄关处，当你进门的时候就要脱下鞋子，换上室内拖鞋。虽然寸土寸金的大阪单人间只有几平方米，但一样预留出了半平方米的玄关，专门与室内隔开，用于换鞋、换外套。

另两双则在厕所和浴室。我惊讶于这个至多不超过三平方米的盥洗室，竟然也做成了“两室一厅”。左边的拉门之后是有“迷你”浴缸的浴室，右边的拉门打开是马桶，中间则是洗手池。洗手池下方摆着两双拖鞋，明明白白告诉你——上厕所用一双，洗澡用另一双。

这也过分精致了一点吧？我这样想。

然而真正用起来，才发现其中的好处。换拖鞋保证了干湿分离，不会让浴室的水渍将木地板浸湿，也不会把厕所的鞋子穿到卧室里；正因为室内外鞋子隔开，卧室的地毯才能始终保持干净。

就是因为这种严格的秩序和细节，才保障了20年间仍然干净如新的状态。如果任由人随意使用，估计一两年就得重新装修了。

这就是秩序感存在的意义，它能让一切变得井然有序，让平凡的生活也格外精致。

秩序之所以能出现，是因为经过了长时间、多次的验证，证明它是最佳的方案，所以才能成为秩序。既然如此，为什么不坚持？精致的生活状态中，保持秩序感很重要。

与秩序感相反的，是“混乱度”。衡量一个女人的生活是否精致，只看你的“混乱度”高低，因为一个精致女人的生活，一定是远离混乱、始终井井有条的。

几年前实习的时候，我遇到过一个有趣的舍友T小姐。T小姐是个很好相处的人，同居在一个屋檐下，难免会产生一些摩擦或者问题，但我们之间奇迹般地始终保持着非常良好的关系。

我们有一个共同的生活习惯——用过的所有物品，必须放回原位。我的这个习惯曾经备受母亲的抱怨，有那么几次我曾因为找不到应该放在抽屉里的剪子而坐立不安，母亲就略带嫌弃地说道：“你啊，在这上面简直有强迫症。”

然而对我而言，这实在是很重要的。每件生活用品都待在它们应该在的地方，想要用的时候不必思考就可以拿到，随时都能满足我的需求，省去了很多翻箱倒柜的时间，也不必因此而感到心情烦躁。梳理好这些用品的位置，就像把生活也梳理得更加清楚了一样。

母亲不懂我的需求。在她眼里，生活就是有烟火味的、难以避的乱糟糟的，花点时间找东西算什么麻烦呢？可是，看着母亲常常因为找不到一只袜子、一张银行卡或者一份票据而心烦意乱、大发雷霆，我实在不觉得是什么好事。

幸运的是，T小姐和我一样都有这个习惯，我们的相处在心照不宣之中变得更加舒适。她是一个比我还注重秩序感的人，习惯将每件东西、每一分钟时间、每一项事物都先安排好，这让她很少处于措手不及或忙乱失措的状态中。

保持这种秩序感需要相当程度的自律。我也喜欢对自己的生活做计划，但是因为心血来潮的想法而打乱它们，比如明明晚上要写一份提案初稿，却因为突然想念路口烧烤的味道，而选择了将它们推迟到明天。这就让原本计划好的一切被打乱了，第二天需要花费更多时间和精力才能完成本来确定的任务，生活就变得混乱了一点。

时间久了，常常会有大量的工作完不成、做不到，堆积在一起，最终打乱我的生活步调。Deadline之前的疯狂加班，熬夜、作息不规律、顾不上吃饭都是家常便饭，忙起来别说每天化妆打扮，连衣服都可以好几天不换。这样的日子只是回忆一下，我就会觉得难以呼吸，但是下一次还会因为莫名的混乱计划而让自己陷入这种境地。

这种混乱感，相信很多人看到都相当熟悉吧！

而T小姐不同，她的自律就表现在对秩序的尊重上，只要是自己设定的计划，务必按时完成。所以她的生活永远是有节奏的，即便年终的忙碌期，她也会每天敷一片面膜按时睡觉，早上打扮得光鲜亮丽去迎接新一天的挑战。作为舍友，我未曾见过她狼狈的模样，更何况是她的同事、朋友了。

生活需要巧思，才能拥有一瞬的精彩；生活更需要秩序，才能始终延续精致。

我想，每个姑娘都有属于自己的精致瞬间。

一个空闲着的美好周末，恰逢你心情不错，也许会画一个前所未有的满意的妆容，跟自己的朋友出门逛街、喝一杯下午茶；项目完成得很漂亮，你打扮得体，在众人面前完成一次精彩绝伦的报告演讲，内心成就感爆棚；晚上回到家，突然想犒劳一下自己，于是第一次做了三菜一汤，只为了温暖自己一个人的胃，那感觉是幸福的奢侈……

但这样的日子是一时的，不是一世。我们很难保证始终注重仪表、始终事业顺利、始终活得健康，大多数时间，我们一样是那个晚睡早起、加班干活、酷爱垃圾食品的普通姑娘，正因为如此，才羡慕那个能始终精致的她。

她活成了我们想要的模样。

然而这样的精致既难得到又不难，难得的是坚持，不难的是方法。只要你足够自律，让生活始终处于自己理想的节奏，保障这种“秩序感”，即便是平凡的生活，你也能安排得比别人更加舒适。

把平凡的日子也过得精致，才是一种真正掌控自己生活的表现。不要说自己的日子一团糟、不如别人的精彩纷呈，你连自己的生活秩序都还没能掌握，又怎么去安排更精彩的生活？

你可能连自己起床的时间都决定不了，所以吃不上本想吃的早餐；连自己的工作都安排不好，所以计划的健身总被抛之脑后；连属于自己的休闲时光都不知怎么度过，所以在床上发呆就耗了周末……当你的生活失序了，精致也就无从谈起。

平凡的生活有时就像我在宾馆见到的那双拖鞋，有的人随便穿穿，所以屋子被弄得一团糟；有的人穿得很精致，鞋子也要干湿分离、各司其职，所以屋子那么干净舒适。有秩序的每一个细节，都在改变我们的生活状态。

拿出一股狠劲认真生活

自然界的动物都懂得这个道理。一只小小的蜜蜂，尚且明白在危险面前伸出自己尾巴上的尖刺，哪怕一生只有一次机会扎下去，它也宁愿拼个两败俱伤、赌上性命，去争取一个吓退敌人的活命之机；一朵漂亮的水母，看着柔弱可欺、毫无威胁，实则光彩夺目的背后是暗藏的毒素和杀机……活着的每分每秒，都要拼尽全力。

作为人的我们，虽然已从大自然的刀光剑影中解脱出来，但要在这个社会上挣扎向前，谁不是竭尽所能、倾其所有？

既然如此，就只能拿出一股狠劲，认真去经营你的生活了。

对生活“狠”一点，对自己狠一点，哪怕是极狼狈的场合，你也一样能拍拍身上的灰尘，云淡风轻地站起来。优雅从容不等于消磨了内心坚强，相反，活得精致的女人是武装到灵魂的，哪怕身处山雨欲来之境，一样有烹茶醅酒之心。

说起那些优雅的女性，除了身边活得潇洒的姑娘之外，我也常想起民国的名媛们。人们常说，自民国之后再无名媛，如今我们所见的“白富美”，不过是流于富贵表象，真正能从中找出的内外兼修、表里如一的名媛，实在是少之又少。

但在那个动荡的时代，却有相当多气质卓然的名媛，历经半生风雨，美人之名不败。

郑念就是民国时知名的名媛之一。她出身显赫，父亲是北洋政府中的高级官员，而祖父当年曾经参加过戊戌变法，可谓生长于当时中国最为富裕、开明的家庭；她聪敏智慧，毕业于英国伦敦政治经济学院，这是大英帝国最为顶尖的学府之一；她优雅动人，即便半生飘零，但眼神中的倔强和敏锐依然让你觉得清亮如故，不愧其名。

年少时的郑念，生活与大多数上流社会人家的姑娘差不多。她在自己的住所招待英国友人，每次都务必准备最好的瓷器、茶具来放置精致的英式下午茶，用衬着银箔纸的托盘来放薄三明治，即便是细节也精致到极致，一丝不苟。

即便是新中国成立后丈夫去世，她也一样靠自己的能力供职于上海的英国公司，家里依然雇着保姆、用人和司机。

这样的美人，在鲜花着锦、烈火烹油般的热闹生活中，活得精致是理所当然的。但在挣扎求生、煎熬着日子的动荡年代里，却还能保持心火不灭，不得不说是一种坚强了。

艰难时刻方见真本色，越是磋磨越熠熠生辉的，才是真的优雅。一种骨子里的“狠”劲，让她不肯低头，不肯活得狼狈。

动荡时期，郑念因为特别的出身、留学和工作的履历被严格审查。她被关进了监狱，遭受严格的审讯。最难熬的时候，她几乎是在用自残的方式撑着自己的一股信念，让自己不肯妥协，即便如此，也从未承认过一句对她的不实指控。

这样备受磋磨的时光长达六年半，但漫长而艰辛的监狱生涯里，她从没有低头，不仅保住了自己的尊严，甚至还通过自己的智慧争取来了更好的生活环境。

她善用毛主席语录，据理力争给自己争取到了清扫牢房的扫把和水，然后拖着柔弱甚至病痛的身体坚持将牢房打扫干净。墙壁斑驳灰暗，她用手纸沾着吃饭剩下的米粒，做成简单的“墙纸”粘在上面，打造出属于自己的三分天地。她的牢房里，马桶是水泥砌成的，简陋之极。她就用少量的毛巾和针线缝了一个坐垫，尽量让自己舒适一些。甚至于，她还苦中作乐地用手帕裁剪了一块眼罩，让自己睡得更好。

生的希望，从来没在她心中断绝。比起物质生活，她更担心自己的精神在监狱生涯中溃败，而这样的担心显然不是无稽之谈。为了保持清醒的头脑，她只要一有时间就在脑中背诵自己记得的著作。正因如此，她才能把毛主席语录用得比审查者更熟练，常常驳倒对方。

多强大的女人啊！时代的洪流裹挟着她，她也坚守自我，从未不清醒过。她从没有向命运妥协，而是在自己力所能及的范围内，努力活到最好。这就是一种“狠”劲，再大的浪潮不能令我随波逐流，只要我想，就能靠自己屹立于浪头。

谁告诉你名媛只能优雅精致，只能活在金丝笼里面？真的名媛，精致的是灵魂、美的是骨气，身为阶下囚，却活出人性之光，活成高山令人钦佩。

郑念的骄傲，是自己在最艰苦的时刻依然不愿低头。她唯一挂心的只有在电影学院求学的女儿，但出狱的那天，她得知自己的女儿早在几年前就因故身亡了。

对一个失去丈夫、亲人远走的女人来说，唯一的希望也破灭了。若是一般人，哪怕过去的几年间一直强撑着，此刻也濒临崩溃了吧？但即便当时她只是孤家寡人，也只是在内心悲痛，而从未放弃生的希望，更不肯向命运妥协。

她老了，时光流逝带走了青春岁月，带走了故人，也带走了她辉煌精彩的前半生；但她也还没老，她的思想在历经磨难之后更加敏锐深沉，她的眼睛变得更加有神，她的精神更加坚强。

她还活着，而且拼命活得更好。

几年后，她孤身去了美国，在那里过起了独居生活。在你眼中，这样的生活是怎样的？是飘零、孤苦还是寂寥？都不是！郑念八九十岁的时候还在坚持自己开车、自己购物，将生活打理得井井有条。她把在华盛顿的公寓收拾得十分整洁，和少女时代那个宴客的花园洋房一样，品位十足。

只是在这里，精致变成了另一种意味，看着满屋子的书架和书，你会发现她不仅找回了精致的物质生活，还迈入更广阔、精妙的一个思想世界。

她用英文写作，弃了本名“姚念媛”，取笔名“郑念”，化用自己丈夫的姓氏，一本半自传的《上海生死劫》讲述了她动荡的半生。她是否也在以此怀念自己的爱人、女儿呢？我已不得而知，但她一定在用自己最真实的行动告诉那些牵挂自己的人——

你们看，我不仅还活着，而且每一刻都活得很好。

活着，真不是那么容易。我们之所以有对生活的向往、有活得精彩的念想，多半是心中有希望、有执念，不论是物质上的执念还是精神上的畅想，都因为对未来有期待，所以才想要活得更好。

但是伴随着时光流逝、年华老去，你总难以避免地觉得“人生就这样了”“未来没有什么新变化”“生活如此无趣”。这时，大多数人也就泯于平凡了。

那股想要“折腾”的劲头，会被时间所消磨，所以如同郑念这样优雅一生的女人，是多么难得！她一生都带着与生活的挑战争斗的“狠”劲，从未因为年龄而产生畏缩。

我常常看到身边的姑娘们抱怨，自己仿佛是个保质期“25年”或者“30年”的商品，在这之前活得自由洒脱，活成一个独立的人；而在这之后，就得抹掉所有个人标签，乖乖走入婚姻中，变成“妻子”和“母亲”。

她们觉得这是生活的压力所迫，我却常常诧异——是谁让你有了“保质期”的呢？不是别人啊，正是我们自己。成为妻子或者母亲，只不过是拥有了新的羁绊、有了新的角色而已，我们的人生依然可以为自己掌握，不过是你自己认命了、想要安稳了罢了。

只要你想，那颗想要“折腾”的心，可以永远不消散，在任何境遇下，你都可以比别人精彩。

别怕老去，你可以始终优雅

我有个朋友Y小姐，在美国学服装艺术设计。

她钟情于东方元素，尤爱旗袍。而她也有天赋，常常做出让导师为之惊叹的作品。

这样看，Y小姐对旗袍的认识大概是比我要深入很多的。

那天我翻看她当初入学时的作品集，突然发现一个有趣的现象——里面所有的旗袍展示模特，都不是常见的高级风冷淡脸或外国少女面孔，而是三四十岁的中国女性。

她们更像是小巷里、上海滩上摇曳的20世纪美女，而不是专业模特。而Y小姐这样跟我这样说："只要身材好，旗袍当然是年纪越大穿着越有味道。"

尽显曲线玲珑的旗袍，更适合风韵成熟的少妇来演绎。那种含而不露、端庄中透露的性感，须得加上时间酝酿出的魅力，才算是完全贴合。少女穿旗袍也美，但更像是邻家妹妹，倒没有这股魅力了。

这让我立刻想到了张曼玉与《花样年华》，说起旗袍之美，大概没有人会错过这部影片和将旗袍穿出灵魂来的张曼玉了。我从没觉得有谁比《花样年华》中的张曼玉更适合旗袍的，她绾着妇人略显成熟的头发，在香港街巷边昏暗灯光下的一个转身，就是极致的美。

在看剧照的时候，我还曾经有过一些挑剔："这个发型实在是太显老了，完全体现不出张曼玉的青春漂亮。"

然而真正带入这个环境中，你会发现成熟一点才是最美的。岁月和时光赋予我们的，是学会淡然从容，是懂得欲言又止，是恰到好处的分寸感和距离感，是深情一望却又寂然无声。没有足够的阅历，又怎能懂得其中的酸甜苦辣？没有时光的赐予，怎能品味出这里面的深厚意味？

活得精致的女人，就像酿造的美酒，越久越香。你看年少时的张曼玉，是美的，但也不是那么独一无二的。可是现在的她虽老了，却被人赞为香港影坛数一数二的大美人，不仅是情怀加分，更是因为她的气质在时光洗礼之后变得厚重，虽有了皱纹，但一举一动、一言一行都变得格外动人，打上了属于"张曼玉"这个名字的烙印。现在的她，哪怕是仰头时的一个弧度，都显得特别漂亮，这是一个美人修炼半生之后才有的风韵。

老去，就是将属于你的这本人生之书写得更厚重、更精彩，让人翻也翻不完。

我曾有机会跟一位业界出名的女强人交谈过。

她的专业能力极强，在这个女性不容易出头，更不容易担任领导者的行业里，一样靠着自己的努力和本事赢得了所有人的赞叹期许。人们似乎津津乐道于这样一个堪称"传奇"的女人，所以关于她的传言，我听过太多。

听说她和丈夫感情很好，但为了事业两人决定不要孩子；听说她曾经在交流大会上一人应对一个团队，驳倒了前来“踢馆”的外国专家；听说她带的团队工作格外拼命，每一个人拿出来都是顶尖优秀的人才……

强势、严格、敏锐甚至可能有些咄咄逼人，这是我从传言中拼凑出的形象。所以知道要去和这位女士进行交流的时候，我处在一种难以摆脱的紧张状态中，仿佛被莫名的气势所控制，保不准就要同手同脚地走到她面前。

然而真人一见，方知自己的错误。

她是个格外温和、妥帖、礼貌的人。我见到她的时候，她穿着一件实验室白大褂，就坐在角落里的仪器旁边，仔细地倾听来自后辈的疑难问题，然后细心帮他解决。

那一刻，我以为自己认错了人，这个只是语速有点快但温柔可亲、看起来毫无“强势光环”的女人，真的是我印象中的她吗？那些在业界大牛身上常见的笃定、强硬、说一不二，在她身上都不多见。

这一点，在交谈之后更加明显。她从不强势反驳你的观点，如果有异议，也会客气地以交流的方式提出；她从不觉得自己说的一定正确，面对后辈可能有些“无知”的疑问，也总是耐心解释到清楚为止；她从不爱否定别人，当你侃侃而谈时，她更多的是在一旁温柔地笑着、认真听着，然后不断点头。

她的发言都是恰到好处的，更多时候，她喜欢做一个倾听者。

但她并不是个“老好人”，对待工作依然十分认真。一个小细节出了错，她能花几个小时、几天去找原因。这时候，她似乎就不再是那个好说话的形象了，要求也变得高了起来。一个和我关系比较好的朋友说：“在她的团队里工作，只要够认真，是绝对很舒服的。”

面对工作，她保持着一贯的高水准；而在做人上，她也有着高水准。有才华的人大多有个性，所以常常难以共处或不好交流，但她不一样。她有才华而不恃才傲物，在不需要展现自己专业水准的时候，她更多的是一个温和的朋友、包容的上司和容易打交道的合作者。

怪不得见过她的人都与她关系甚好，她的风度风采，足以令人折服。

离开的时候，我好奇地问她：“和您聊天感到非常舒服，您说话实在是太恰到好处了，是怎么做到这一点的呢？很惭愧，我就做不到。”

她有些意外，然后一下子笑了起来，说：“不用太在意，在我年轻的时候比你可差远了。我一直是个自觉有才的人，所以在人群中又爱说又爱抢风头。但是伴随着年纪越来越大，见识到厉害的人越来越多，我突然发现，一个人说多少话、吸引多少关注并不是最要紧的，你说的是否有意义、是否能跟别人好好交流，才是最重要的。当你经历过，就会懂了。”

原来年轻的时候，她也跟我们一样是个有点莽撞、有点恃才傲物的人。但是时光足以教会她那些我还不懂的东西，让她能更快地找到自己合适的身份，反而绽放出无限魅力。

仔细思考，我所遇到的能力卓绝者，往往是越有成就越谦逊、年岁越大越温和。时光可以消减愤怒、焦虑和暴躁，让我们懂得用更合适的方式看待自己，并对待这个世界。你所度过的每一段时间中，都可以找到岁月教给你的智慧。

这是独一无二的。

所以不必害怕老去，只要你能在老去的过程中寻到些什么，就会发现时光始终温柔，而你始终幸运。

Part

❷

活得精致，才会有气质

长得漂亮，并不代表有气质

朋友D的工作与娱乐圈关系紧密，使得我偶尔也能跟着她进入剧组工作，就这样我接触到了一些圈内的女明星。说实话，“女明星”这个词对我而言就是吸引力，在这个圈子里，你能最大概率地找到这世上最漂亮的女人，并看到她们如何活得漂亮。

她们是天命美人，出生就比别人幸运些。不论在镜头前你如何评价她们的美貌度，在镜头后的现实中，她们都比普通姑娘耀眼精致太多。明星们柜台上的化妆品，轻松就能花掉上班族几个月的薪金。姑娘们心心念念、攒钱购买的奢侈品大牌，忙着在她们身后打转，提供免费赞助。在平凡女孩眼里，谁不想成为这样的女人？一生的使命，就是美出新的高度。

然而惊艳过几次之后，再出挑的美貌，也很少能打动我了。实在是美则美矣，但脱掉了这层美丽的外壳，丢掉身上粉饰的锦衣华服，她们也都是普通姑娘罢了。

也会在化妆的间隙跟人聊着女孩们热衷的话题，也会看着镜子对脸上冒出的一两颗痘痘苦恼不已，也会因为八卦别人而露出一点狡黠。同样，也会有嫉妒、烦躁、傲慢、卑微种种情绪。

因为怀过更高的期待，所以发现皮相美之下覆盖的也是普通的灵魂，就让我生出些遗憾：到底怎样才是活得漂亮的巅峰呢？

直到我见到P女星，仿佛才摸到了答案的门槛。

P女星虽漂亮，我见到她时却不是她的颜值巅峰时期。她算是我妈妈那个年代的美人，可惜生不逢时。那个年代的女神如云，港台女星来势汹汹地杀往内地，轻松俘虏年轻男女的心，内地影坛的大花小花如雨后春笋，一茬接着一茬地称霸荧屏，个个颜值都很能打。论美，她输了不少。

不过我对她的印象却很深，尤其是笑起来甜入人心的一对酒窝，和弯弯月牙一样闪耀的眼睛，真是每个男孩心中的初恋。

这样的女人，老去的时候往往是吃亏的。她们没有可以经受岁月洗礼的锋利五官，靠的是青春之气和甜美的感觉，所以一旦年纪渐长，魅力就格外打折。

见到她之前，我也担心过这一情况，可是见到之后发现，真的是杞人忧天了。她笑起来还是像从前一样天真甜蜜，眼角虽有细细的纹路，却一点不违和，一股“少女感”扑面而来。

她不笑的时候，眼睛里也有星星，温和注视着你，仿佛就在给你力量。当你说话的时候，她会一边笑看着一边点头，像永远宽怀包容你的长辈，又像个倾听你的姐妹。

她的背永远很直，肩颈处的线条诠释着什么叫气质。

她的青春消退，但美貌仍在，自律的身材管理让她的背影依旧动人。

她说话的时候，语调不急不缓，娓娓道来却能令所有人倾听，三言两语就能点拨别人，经了她的手调教一番，演技总能提高不少。

她是前辈，是大咖，甚至还是投资人，但彬彬有礼、平易近人，明明拥有高高在上的底气，却偏偏喜欢享受平常的待遇。

真的很难形容她的这种优雅，像一棵竹，年少的时候是笋，因为拥有柔润的内心，外皮就格外坚硬，用锋利的叶子来包裹自己，所以美得张牙舞爪，企图吓退别人。但吸收了养分之后，内心越来越强大，有了坚挺的骨，风雨不摧，狂风不折，韧性十足，反而变得温润柔滑起来，摸着它也不会扎人，而是在风中飒飒作响，如君子相迎。

我想，这样的美人才是真的动人，岁月也难摧。这让我想到她曾经与现在截然不同的形象。

她年轻的时候是话剧团的台柱子，万千宠爱在一身，恃美行凶也无妨。她也因为懒得起床而迟到过，让整个剧组等她一个；也跟别人争过番位，为了圈子的地位暗搓搓较劲；也曾爱上了不该爱的人，罗敷虽无夫，使君已有妻，辗转反侧差点就破了底线，去追求对方。她说，自己和那些浮躁的年轻女星，也没两样。

以为美貌能抵挡一切，却未想到这些都如浮云易散。

等她32岁那年，错失了一项本应在囊中的大奖。那时候舆论还很宽容，但许多质疑她演技、努力和敬业精神的话，一时间也都冒了出来。她才知道，自己这些年汲汲营营，陶醉在美貌和名气中，却从未前行过。

她成了个表面光鲜的橘子，内里水分尽失，等到剥开的那一刻，就是狼狈不堪的结局。急慌忙乱后，她选择了沉淀自己。

从那以后，娱乐新闻里少见她的影子，听说她又回到学校里念书，跟着导演学习幕后工作；她开始重登话剧舞台，以纯粹的艺术心态去表演作品；她两年才接一部戏，露面的次数越来越少，却每一部都是精品。

闲暇时，她不再忙于商演、酒会，也推了很多圈内的活动，享受起莳花弄草、饮茶写字的愉悦，书架上的书比一些写作者还要多，上面都有她的批注。

她慢慢地活着，认真地活着，在这个浮华的娱乐圈里，收敛起自己装模作样的武装，再一点点重新构建坚固的铠甲。

终于，她成了现在的模样，打磨出独一无二的气质，而且在以后只会越来越厚重、越来越余味悠长。拥有了这些，她也不再在意所谓的年轻美貌——因为她足够自信，自己现在就是最好的模样。

她诠释了我心中真正的优雅和精致，令我明白，原来美貌不过是消费品，而气质才是收藏品。

谁说岁月无情，当你静下心来打磨气质，岁月就是最好的武器。认真体会每一天的美好，每一日都多走一步，每一个明天都变成更好的自己，你的气质将由内而外地昭示。当有了气质为底气，美貌不过是锦上添花，再也没有人过于追逐。

你看那些娱乐圈中的美人，越是大气自信、内涵无穷的，就越从容自如、不强求青春。

当有气质做支撑，美人迟暮也不悲哀。我们不可能永远青春，而人生的每一日都是不同的体味，淡看容颜变化，收获优雅与气质，才是活到老、美到老的人生。

比长得漂亮更重要的，是活得优雅

如狄更斯所言，“这是最好的时代，这是最坏的时代”。

在这个时代，我们的生活前所未有地自由肆意。你的选择有那么多，不必如父辈一般背负沉重的压力或感受生活的磋磨，你可以特立独行，也可以随波逐流，在这个时代总能找到自己的一席之地。

这也是一个前所未有浮躁的时代。快餐式的生活方式，让我们连审美也变得千篇一律、流于表面，没有人再有耐心去发掘那些深层的东西，似乎活得喧嚣浮华就足以成为唯一追求。

“没有外在美，谁有空关心你有没有内在美？”过分推崇颜值，大概就是最典型的表现之一了。

然而即便如此，能活得优雅，还是比长得漂亮更重要。

“是不是长得好看，就能轻松地获得别人拼命也得不到的一切？”曾经有姑娘颓丧地这样问我。

她看过了太多这样的例子。明明不努力、不聪明也不勤奋，亦没有高于常人的品位和有气质的外表，不过是漂亮，就能轻松得到优秀男士的追求、职场的优待、路人的宽容，哪怕一事无成，去做主播、做模特，甚至拍拍小视频都有一众粉丝追捧，总能走上人生巅峰。而自己，已经拼得筋疲力尽了，却还在温饱中挣扎求生。

既然这样，还做什么努力，直接去整容医院岂不是最简单高效？

我却始终不认为长得漂亮就等于一切。

靠漂亮的外表获得的幸运是一时的，真正能支撑你活得精彩的，必然是其他因素。

诚然，一个漂亮的外表会给你加分，但并非每个漂亮姑娘的幸运都是靠脸得到的。即便是“靠脸吃饭”的网红，也得努力经营自己、懂得与人交流、会紧随粉丝需求，后者才是关键的影响因素。

我的朋友L先生就有一个懂得生活的妻子。L先生刚结婚的时候，朋友们私下一片惊讶，不因为别的，只因为一向“看脸择友”的L先生，最终却和一位长相平凡的女子携手走入婚姻。

我们难免担心他是否钟情于自己的妻子、能不能认真对待这份感情，没想到我还没想好怎么询问，他就主动地、兴致勃勃地跟我们分享起了他和妻子的甜蜜感情。

其情之真挚，影帝级别的演员也很难演绎，我立刻就相信了。

“年少慕艾，人之常情嘛！”L先生笑着说，“不论男女，都想找养眼的对象，当然可以理解。但你要真遇到那个对的人，就知道长相根本不重要，她是你一相处就合拍的对象，是聊两句就忘不了的人。”

L先生一见自己的妻子，就觉得她格外不同。

他们是在一次野营活动认识的。那次野营本来计划好要露天做饭，却没想到带的炊具尺寸不对，主要用来烧菜的锅根本用不上。这下，大家就面临着吃米饭配饼干的尴尬了。

一时间，人人都抓耳挠腮地想着如何解决重要的温饱问题。不说吃得多好，至少要像样一些吧？

“这我可不懂，你们大男人来解决吧！”一个姑娘不好意思地捂嘴笑了，推了旁边的男友一把。

另一个姑娘却不同，她默默地从野营工具中摸出了几根铁丝，交错着编在一起，利用原本搭帐篷的一张铁网，做出了一个简单的烧烤架。

“只要有炭有火，再用锡纸垫着，咱们就能烧烤了。”她擦擦头上的汗，笑着说。

一张烧烤架拯救了本来失败的野营，别说，他们吃得还挺开心。

也许是作为美食爱好者的期望得到了满足，也许是天降救兵来得太及时，L先生一下子就对这个默默做事、不爱说话的姑娘留下了深刻的印象。他发现，这是一个特别会生活，又聪明负责的女孩。

这样的姑娘，生活中会是什么状态呢？L先生产生了好奇心。而好奇，就是他们走在一起的开始。后来的事情我们便知道了，做出烧烤架的姑娘，就是现在L先生的妻子。

她长相虽然平凡，却拥有不俗的品位和无穷的生活乐趣。

有她在的地方就不会无聊，即便是再平凡不过的日子，她也能拾掇得有滋有味。

“现在我才知道，以前的自己是多么无趣，日子多乏味。”L先生说起自己的妻子，不乏崇拜和羡慕，“有趣的人万中难寻，我实在是三生有幸，被她选中。”

一个有生活趣味的人，即便长得不那么好看，一样少不了人喜欢、青睐。长相能决定的东西都是一时的，我们生命中的绝大多数时间，都要跟长期相处的人打交道，所以你的内涵如何，早晚会显露无遗。

这时候，活得优雅比长得漂亮要重要得多。

容颜易老，但生活的方式可以永远保持，当你选择了活成优雅的样子，就是可以维持一生的美好。

关于“优雅一生”这个命题，我总会想到民国时“永安百货”的四小姐郭婉莹。被称为“黛西小姐”的她，是大上海记忆里永不凋谢的一朵玫瑰。

她自幼生活在国外，父亲为了响应孙中山先生的号召毅然回国，投身于实业救国的道路中，黛西也跟着回到了祖国。为了让她能适应国内的环境，父母将她送进了上海最好的中西女塾。

在那里读书的姑娘都是出身非富即贵，出入汽车接送，住在花园洋房。在上海的上流社会，淑女必然要在这样的地方读书，这样毕业后才能嫁入豪门。

在这样的环境里，郭婉莹虽然同样出身高贵，但她从不甘于成为一个相夫教子的贵妇人。为了追求心中理想的爱情，她不惜放弃婚约前往燕京大学读书，最终自由恋爱并走入婚姻；婚后她并不想跟别人过一样的阔太太日子，而是开了一家服装店，跟朋友一起制作晚礼服。

她始终有着蓬勃的生命力，而不是屈服于生活。优雅而精彩地过一生，是黛西一辈子的写照。

二战时时局动荡，郭婉莹的生活也一落千丈。昔日豪门娇女，一样可以适应艰辛的日子。她担负起抚养孩子、维持生计的重任，一边经营服装店，一边还替一些报纸拉广告，赚取广告费佣金。可以说，她是精致却不脆弱的，反而有一股难以忽视的韧劲。

新中国成立后，郭婉莹家的财产充公，她也接受了劳动改造。被批判、被审讯，被派去卖鸡蛋、刷马桶、挖河泥，被分配比别人更多的工作，她被打落尘埃，过着一般人都忍受不了的日子，再也不是昔日的贵族小姐了。

但她也还是那个优雅、美丽、坚强的黛西。没卖过鸡蛋，她就去向农民请教怎么区分鸡蛋好坏，很快有了信任她的回头客；别人避之不及，她却主动申请去挖河泥，只因为学会了苦中作乐，将挖泥看作了值得好奇的新尝试。最困难的时候，她还能用煤球炉来蒸松软的蛋糕，在铁丝上烤酥脆的面包片，始终坚持着自己的生活情趣与习惯。

她的一生苦难都比常人多些，但她从不将其看作坠在身后的大石，而是选择了保持乐观。即便是总统夫人提及那些劳改的困苦，她也只是笑着说："劳动可以帮助我保持身体苗条。”

因为有心性高贵，所以才造就了一生优雅的“黛西小姐”，即便看尽花开花落，真正的金枝玉叶依旧不败。

活得优雅就是这般，不必用皮囊的青春美貌来展现，抵得过残酷时光的摧折与煎熬。越是经历过沧海桑田，就越能懂得持守一颗安然平静的心。

精致，都在细节里

朋友小D是播音主持专业的，毕业后在地方电视台当了一名主持人。几年下来，她也有了自己挑大梁的节目，在当地收视率相当不错。

电视台的主任在吃饭的时候，还开玩笑对小D说："好好干，以后你就是咱们电视台的董卿、倪萍！"言语之中不乏夸张，但也表现出他们对她的看重。

很多人都在背后猜测，小D走到今天到底是凭了什么？一时间，不熟的人仿佛也成了小D的亲朋密友，对小D身后的背景了如指掌似的，传着有模有样的流言。

今天的她是电视台某高层的女儿、正经八百的"女太子"，明天就变成了当地某土豪的老婆、背后有人，再过两天，就成了谁的学生、哪个的情人……好像一切的成果都跟她自己无关似的，只是因为有关系才坐上了这个位置。

但总有些人是跟小D熟悉的、共事过的，不论是不是交好，谈起她都有一个共识："人家那是真有水平。"

做节目总是"尽人事，听天命"的，收视率能不能提升、观众缘高不高，在播放之前都是估测，谁也说不准。要是真没两把刷子，怎么可能像小D一样把一个新节目做成招牌？强捧是红不了的。

小D在工作中展现的能力、投入的心血，是从细节上都能体现的。

她做自己的谈话节目，每一次都会跟嘉宾花很多时间提前沟通，背台本、想串词自然不必说，还会提前预设很多意外情况，时刻思考自己如何解决临场问题。

虽然我跟她说：“意外之所以没法准备，就是因为你永远不知道它到底出在哪里，现在想再多可能，该有意外的时候你还是措手不及的。”

既然如此，何必费这么多工夫？

她却摸着自己的台本跟我说：“我知道自己预设的情况，基本上不会恰好发生，但是我想练一练临场发挥的能力。这样真有麻烦了，我至少不会慌。”

对常驻的节目，她永远是把每个细节都照顾到最好。彩排的时候，小D不仅要关注自己主持的内容，还会关注到最终呈现的节目效果。嘉宾的妆容在灯光下显得没精神了，她就会跟化妆师、打光师沟通，舞台效果做得不是很好，她就自己琢磨可以怎么改。

明明是个主持人，却把所有人的活儿都干了，到处挑毛病，一开始，小D这样可招了不少人烦。对节目同样尽心的制作人倒是乐见其成，但总有些想要混混日子的同事，私底下抱怨：“小D资历不怎么样，架子倒挺大，就她事多。”

听到这样的话，小D也没说什么，意见就少提了些。但她没放弃，虽然不想打扰别人了，还在默默解决问题。舞台上的布景偏了些，她自己跑上去挪动，台里提供的服装效果不好，她自己掏钱在外面定制、修改服饰……

这些用心，都体现在了节目中。小D的谈话节目始终做得很好，发挥稳定、从不出错，每一期节目的氛围、节奏和呈献给观众的效果都把控得当。最后，嘉宾看了高兴，台里满意，也有了许多观众捧场。

用一个热心观众的评论来说，就是：“节目做得好不好、用不用心，我们观众都眼明心亮着呢，看得出来。”

看到这个评论的时候，她高兴地把它截下来发在朋友圈，说：“值了！”

那些精致的细节，我们都看得到。

一个人能连细节都做好，是很难的。

做到大致满足条件，你只要付出10%的努力就好，但要将每个细节都用心提升，你得付出120%的精力。而细节有时看起来又不是那么重要，所以追求效率的人，往往就匆匆略过了，再不提起。

细节的精致与否就成了一个“天顶”，成了真正制约我们走上另一个平台的最大束缚。就是因为不愿意投入翻倍的精力去提升细节，所以有些人永远都没法走到别人的高度。有些人的生活，就像是工厂忙于生产的消耗品，以量取胜，匆匆忙忙却经不起仔细思量。所以他们永远不知道，另一群人秉持着匠人精神去打造生活，所以他们的每一日都过成了收藏品。

以前闲暇的时候，我喜欢去颐和园，待在万寿山上某个楼阁的一角向外俯瞰。从这里向外看去，真正能看出中国园林移步易景的特色，一扇窗就装下了一幅山水图。

四季不同，这里的景色也是不一样的；晨起日落，你也能看到不同的风光。发现这个不起眼的小角落，还是因为一个老人的指点。

那时候我还忙于逛景点似的逛这个园子，拍照有时比赏景更重要，因为很少愿意来第二次。就走到这附近的时候，身旁驻足欣赏的一个老人跟我说："姑娘，别忙着拍照，用眼睛来看啊！"

他常来这里，带着一壶水就能逛半天，从来不拍照。这里的四季春秋、朝云暮雨他都如数家珍，每个细节的美他都见过。

他急于向我分享这些宝贵的经验，就像每个小孩喜欢向大人夸耀展示自己的玩具一样，归根结底，都是不想让这份美好只有自己知道。这个小小的、不起眼的角落，就是他介绍给我的。

"你看，这里的每个细节都是巧夺天工的，每次来，我都看不厌。不要那么着急，不要为了拍照而游览，有很多东西值得你去用心体会。"

老人不是隐士，更像这园子的知音，是时代呼啸而过时一个缓慢行走的人。所以，这里来过那么多人，却只有寥寥无几真正懂了这里的魅力。

除了那些早已消逝在历史上的、颐和园的主人，真正懂颐和园的，也只有这些愿意驻足去欣赏细节的人了吧？若是你体味过这些细小之处，来过就会记得一生，若是你也只是匆匆走过，来过也随时会忘记。

快节奏的生活中，我们大多数都是匆匆而过的那个，很少有人记得停下来，真正看看如白驹过隙的日子中微妙的细节。所以，你会经常感到怅然，在某一刻发现每天走过的街道不是以往印象中的样子，发现父母早在我们没注意到的时候老去，发现一份情谊已经伴随着时间被改变了意义……

这时，你该精致一些了。把握住那些微如沙砾的细节，才能让每一日都不白过。

气质是不轻易低头

真正有气质的人，绝不只是肤浅地学了些优雅的仪态，就可以充作“气质”了。气质不仅源于外表，也是内涵的体现，优雅的仪态之外，一样需要一双智慧的眼睛、会说话的嘴和危急之时不失态的镇定。

同时，还需要骨气。

有气质的人应该是有骨气的，若是没了骨气，遇事就容易畏难低头，不经意就显露出几分窘迫猥琐来。一个有气质的人，不论遇到怎样的困苦境况，内心的坚守不会丢失，一分骨气永在。

失去骨气，便也谈不上什么气质了，那是连灵魂都交易给了别人，终究会在漫长的道路里迷失自己。

生活有时候让我们不得不妥协，但即便命运如此，你依旧可以选择昂首向前，保持本心。

常谈起那些民国时的美人，便是因为她们经历了波折的年代，走过考验与淬炼，方显露出真正的气质。譬如顾维钧的夫人严幼韵，就是个富贵乡里优雅动人、战火动荡里镇定自若的女人。

年少的时候她是众人心目中的女神，在复旦读书时得了个“84号小姐”的名讳。原因很简单，当时的严幼韵出身高贵，出入必坐车，她的车牌号就是“84号”。全上海的年轻人都知道“84号小姐”，许多人每天都会等在大门口翘首以盼，就是为了看一眼严幼韵的车子驶过。

这样的生活贯穿着她的整个少年、青年时期，但世事终有变，覆巢之下安有完卵？

严幼韵的第一任丈夫是外交官杨光泩。太平洋战争爆发时，他与其他七位领事馆官员都失踪了。严幼韵家立刻聚集起了许多慌乱的领事家人，成了一个小小的避难所。

后来他们得知，几位外交人员全部被日军枪杀，牺牲了。

失去了丈夫，被三个女儿所依靠的严幼韵没有倒下，也没有在命运和坎坷面前低头，她始终镇定向前。房子被查封了，物资被搜走了，只能在日军的管制下艰难过活，严幼韵就带着家里避难的使馆人员家人，将可利用的一切都利用了起来：

修理整齐的草坪不见了，取而代之的是新开辟出的菜地，一畦畦新种的菜丰富了他们的餐桌；没有肉吃，地下室就被开辟出来养鸡、养猪，自食其力来解决问题；靠着用人从查封的物资里大胆留下的缝纫机，严幼韵带着大家给孩子做衣服，让他们在艰难的时刻也有合适的衣裳穿……

战争一天天焦灼起来，慢慢地，连基础的物资都没有了，严幼韵和孩子们就学会了自制肥皂、自制酱油……

生命带来的磨难一点都不少，但是她从未失去大家闺秀的本色，不求人，也不在这样的磋磨中变得斤斤计较、变得面目可憎。

仓廪实而知礼节，很多流于表面的气质，往往只是源于物质足够丰富。一旦物质缺乏了，那些骨子里的东西就开始作祟，有的人撕下了彬彬有礼的伪装，有的人失掉了优雅动人的外表……只有真正骨子里有修养、有气质的人，才会始终如一。

真正的优雅，不是在优渥的条件下骄矜自傲，而是在打落尘埃的时候，不因物质短缺而让精神匮乏，依旧不轻易低头、依旧不疾不徐。

严幼韵总被人称作“上海滩最后的大小姐”，不单是因为她活了一百多岁，是旧年上海一片繁华最后的一批见证人，更是因为她骨子里有气质，一辈子没有轻易向命运低头。这样的风采，现今已经是少见了。

我们总会遇到那么一刻需要低头，不论被逼着也好，主动选择也罢，低头的时候，心里多少都有些不是滋味。

低头了就意味着要做违心的妥协、要付出或放弃一些东西。一次两次还好，习惯了低头，就逐渐磨平了自己的棱角，失去了自己的思想，变得圆滑了、柔弱了、从众了，最终变成一个面目模糊的样子。

我知道，低低头而已，能给我们带来很多好处。倔强的人不愿低头，常常撞得头破血流，有些情势下，妥协和退步能带来很多捷径和好处。

但你要记得，一时的低头，丢下的东西一辈子都捡不起来。思想长远又理智的人，不会轻易选择低头的。

我曾有个朋友，姑且叫作小U。小U脾性软弱，所以不爱跟人争吵，只要你稍微提提意见，她就立刻妥协听你的话。即便是她想要坚持的东西，只要你强硬些，说话大声一点、拍两下桌子，还等不到说什么威胁的话，小U就自己尿了。

她所在的公司经常有些不讲规矩的事，或是公器私用、裙带关系上位，或是谁又利用职权欺压别人、搞办公室冷暴力，有时难免会涉及小U。每一次遭遇不公对待，她总是私下气得直哭，却在领导询问的时候一脸微笑地奉承，说自己觉得没问题，每次被要求做什么不符合规定的工作，她也只敢腹诽，压根儿不敢拒绝。

我常说："你这样没有原则，早晚要吃亏的。"

可是小U却不知道去哪里找另一条路，她总是皱着眉头，苦着脸跟我说："没有办法，××一直跟领导对着干，早被开除了，要不想开除，你就得低头哈腰，人家说什么就做什么。"

这样短短一年过去，她变了好多。曾经清澈的眼睛逐渐变得混浊了，染上了精明和市侩，说出的话总是带着计较和算计，以前追求的理想、喜欢的生活，现在都被她抛之脑后，每天想的都是怎么讨领导欢喜、如何才能多拿工资或高升一级……

办公室里她看不惯的手段，现在用得格外熟稔，当前阵子她对我说起，自己如何通过做账套现的时候，我惊讶极了，这还是那个胆小怕事的小U吗？

她却说："没事的，一点钱而已，我这才哪到哪呀？"

在一次次的低头里，她不仅失去了骨气，也迷失了自己。每一次低头就是丢掉一种坚持，现在的她虽然有了金钱，却付出了很大代价。

后来我听说，小U所在的公司被工商查了，总公司的大老板也开始严查内部问题，小U的经理被告了，她也丢掉了工作。失去了这一切，她迷茫了很久，但已经很难回到过去的路上。

她习惯了依附，习惯了在别人手下讨生活，即便再进入新环境里，也不过是再"追随"下一个领导，变成另一种样子罢了。

她丢失的不仅是青春、业内口碑，还有很多重要的东西。一次低头，丢掉的是锐气；两次低头，丢掉的是坚持；三次低头，丢掉的是原则……每一次，都是在跟真正的优雅与气质渐行渐远。

若是有机会选择，千万不要轻易低头。可以做权衡和妥协，但不要让人将你的尊严打入尘埃、把原则折断丢弃。一点都不懂妥协的人，是过于固执了，但总是向人低头、毫不自重的人，永远不会有什么成就。

你的修养暴露你的气质

修养是可以从很多细节体现出来的。一个人受过的教育、走过的路，全都藏在他的言谈举止里，无意间就会透露出来，这些是刻意伪装无法掩饰的。

所以，一个女人有没有气质，本来就是一件无法伪装的事情，因为修养本身就容不得作假。刻意地装腔作势，总会在某一刻暴露痕迹，倒不如踏踏实实去提升自己的内涵，才能方方面面刀枪不入。

我曾经遇到过一个姑娘，她虽然没有显赫的家世，却一看便知，拥有良好的家庭教育、有一对明事理的父母，因为她讲话的语气温柔平和，眼睛中带着如一泓湖水似的柔软光芒。

虽然她没有张扬的美貌，却有可亲的气质，让人从每一个小细节，发自内心对她升起欣赏来，我想喜爱她的人一定不少。

见到她的时候是在银行，我正排队等着办业务，而这个姑娘是大厅中服务的经理。当时并非工作日，这个时间在大厅里焦灼等待的，有相当一部分都是不太熟悉业务的老年人。在银行办过业务的人都知道，工作人员最怕的就是遇到老人，那些简化的、自助的服务流程他们都不懂，有些银行的服务条例他们不明白，而一遍遍讲都不一定能打破他们根深蒂固的认识，让他们理解你的行为。

如果时代就像一列呼啸而过的车，时刻变化着，不曾等待行人，那么这些老年人就像在某一站下车了，不论再怎么奔跑也赶不上，很难跟上车上人的脚步。

可你也要知道，你终究有一天也会从这趟列车上下去。今天的年轻人将来也会变成老人，变成我们曾经抗拒的、有些迟钝的模样。一个拥有同心理的人，对待一个讲理的老人是绝不会不尊重的，因为他们愿意去懂老人的难处。

也许是服务太多那种冥顽不灵的老人，很多银行的工作人员多少都会带出一些不耐烦来，但那个姑娘没有。我看了看她的名字和履历，她也并非刚刚毕业的小年轻了，但是几年间的工作经历并没有让她改变态度，对待所有有问题、需要帮助的客户，她永远都保有足够的耐心。

我注意到了一个微妙的细节——她在与所有人说话的时候，都会尽量保持平视。大多数时候这很容易，但对待一些个子不高的小朋友或伛偻的老人，就需要她保持一个弯腰或屈腿的姿势。偶尔做一下是不难，但你只要试一试就知道，长时间维持这个姿势，一定会让自己腰酸背痛。更重要的是，当你在认真工作，听别人讲话并思考着想出一个回答的时候，往往是没有意识去弯下腰平视的。

这时候选择这么做的，大多数都是源于自己的修养和本能。因为过去受过的教育一直如此，要求她对别人有所尊重，所以在说话的时候，她会下意识放低自己的高度，无意间就做到了这一点。

你看，若对别人的尊重是一种修养，那它也体现在每一个细节之处。你永远都不能要求一个不懂得这些，只知道照猫画虎的人能在无意间做出这样的事来，不会的，他们只会在精神放松的时候，暴露自己的本性。只有真正温柔到骨子里、受了足够教导的人，才会在细节处做出温暖人心的事情。

一个弯腰平视的举动，为这个姑娘收获了一个小小的粉丝，也就是我。我想她生活中一定有过无数个这样的瞬间，为她赢得来自周围的善意和认可吧！至少我能看到的，在那个小小的银行大厅中，就有许多客户用熟稔的语气与她说话，洋溢着快乐的表情告诉我，他们彼此相识后，甚至这些人都把她当成了自己的朋友或亲密的后辈。

做个有修养的姑娘，就可以像她一样，不必刻意去争抢，一样能够向别人证明自己，得到身边人的认可。因为修养中就透露出了你的气质，只要静下心来，稍稍体味一下，一个有足够智慧的成年人都知道该怎么判断。

其实，现在我们越来越少地花时间在寻找真正的美上，所以鱼目混珠者常有。总有些人本身并无什么修养气质，那就靠着一张吸引人的面孔或刻意营造的某些噱头，就得到了不明真相者的追捧。

这让许多人怀疑、动摇了，是不是走一些肤浅的捷径，就能够给自己得到更多的回馈呢？然而我却想问你，到底是来自陌生人的不痛不痒的一句夸赞重要，还是身边人对你这个人的认可更重要呢?

过于重视肤浅的东西，你就变成了一个禁不起推敲的人。只要稍稍走近一些，与你相处得久一些，那些表面营造的繁华与美好就会瞬间崩塌，露出里面粗糙不堪、廉价又低俗的本质来。

我也见过一些网红，真正能得到周围人认可的很少。尤其是对我们这样的陌生人来说，抛弃了滤镜的美化却还带着莫名自满自傲的他们，大多数时间都在充当一个负面角色。

有的人在网络上得到了一些虚名，在现实中就膨胀起来了，对人讲话很不客气，不懂得如何尊重他人，仿佛腰包鼓起来就等于一切似的。这些人其实都是在用更大的声音来掩饰自己的心虚，他们以为自己说话声够大就足够强悍了，殊不知大音希声，大巧若拙，真正的贵族反而懂得低调的奢华，越是迫不及待用各种方式彰显财富、地位，越是说明他们离这个阶层还有一段距离。

千万不要成为一个肤浅又粗俗的人，哪怕这并不影响你获取财富。我们生而为人，总要有一些追求，做一个精致的女人，不代表只是生活上的精致、物质上的高要求，精神一样应当有高于他人的追求。足够的气质需要修养打基础，而修养是无法作假的，该是什么样子便是什么样子。

无论什么时候，提升自己的修养都不晚。从每一个细节开始，对这个世界的一草一木温柔以待，又在温柔中隐藏一丝坚持，做一个有修养的人吧!

别让人轻易看懂你

我曾经看过一部法国的文艺片，名字已经忘记了，但关于这部电影，我和朋友之间的一段对话，却还深深印刻在我的脑海里。

朋友问我："你觉得这部片子谁是女主角？"

我干脆利索地回答了她："还用问吗？当然是出场次数最多的，你是不是傻了。"

她倒是笑了笑，反驳了我："她的女教师更出彩，更像女主角。虽然没出现过几次，却充满着神秘的魅力，每次出场都推动了剧情，和每个人的过去都有千丝万缕的关系。"

傻白甜的女主角虽然占据了更多的篇幅，却因为就像一杯白水一样，很容易看透，反而让许多人觉得索然无味。女教师出现的次数不过寥寥，但直到影片最后也没有真正解读出她的真实面貌，这个悬念，不仅让片中的人对她念念不忘，也让她成为观影者内心最深刻的形象。

保有足够的神秘感和复杂性，本身就是一种魅力。

隔壁公司的女经理今年35岁，我曾有机会看过她过去的照片，惊觉原来现在的她正处于最好的年岁。

这是一个打破大多数人普遍认知的事实。

青春年少是一种优势，鲜活的肉体和精神永远是独一无二的资本；被时光所浸润也是一种优势，你所经历过的一切都会化成书页，增添你这本书的厚度，让人更难解读。

我常常觉得，三四十岁不仅仅是一个男人最好的年纪，对女人来说也是一样。虽然对很多人而言，这个年纪的女人没那么精致了，脸上添了一些岁月的痕迹，少了一些天真，但也正是因此多了一种青春美貌时缺乏的风韵，相处之中有了说不清道不明的感觉。

仔细体会下来，大概就是因为“神秘”二字。越是向前走，她们就越神秘，而这样的魅力是能够征服所有人的。

这位女经理年轻的时候，长相并非十分夺目，只不过是平凡人中的一个，连清秀都有些勉强。大概是因为刚毕业不久经历得不多，所以人总看起来有些局促，在照片中显得略微有些不舒展，在人群中露出不太自然的笑容。

一张照片便能看出她的经历了，她是个有些老实、生活环境十分单纯的姑娘，刚刚从一所不大的城市来到这里，又加上脱离了安稳的校园环境，好像从温室里刚刚端出来的花朵，外界的阳光都显得有些刺眼了，让她忍不住蜷缩起叶子来保护自己，又怕花园里百花齐放衬得自己一无是处，所以越发沉默低调。

看着这张照片，再看看我身边这个明艳大方、举手投足充满自信的女人，我实在很难想象这就是她过去的模样。十几年的时间足以完全改变一个人，现在的女经理虽然失去了青春的优势，但在其他各个方面都有了显著的提升。

她变得更好了。再看她现在的样子时，我发现很难读懂她现在的生活状态。不像过去的她，一眼就能够被别人望穿，哪怕有什么小心思也会透露在脸上，总有些可以被原谅或不能忽视的错误出现在她生活里，搞得她应接不暇、手忙脚乱。

现在的她永远是既得体又恰到好处的模样，你只能看出她在这个城市里过得游刃有余，遇事总是面面俱到，却不知她是否还会有曾经那样柔软、脆弱的样子。她很少出错了，知道自己在什么场合会说什么样的话，懂得别人需求什么并恰到好处的递上来，她的妥帖让你更加好奇，这样一个精致到细节的女人生活中有没有另一面？她的另一面是什么样子的？

女经理看我看着照片有些意外的样子，笑着说："你是不是也有些不相信？我给他们看照片的，也总有人问我是不是骗他们，难道我的变化真的这么大吗？"

我诚恳又认真地点了点头，从未有过这样真情实感："简直就是两个人。"

她有些意料之中，摸了摸照片，说："我们总会变的，我相信是一直变得更好。"

是啊，她一直在变得更好。过去的她就像一只莽撞的小兽，现在已经是丛林中独霸一方的大狐狸了，阅历和成长带来的精明让人们需要在她身上花更多心思，因为所有人都知道她并不简单，容不得敷衍。

面对这样一个角色，你会不自觉地重视她，哪怕是她打扮朴素地坐在高级餐厅的某个角落，有眼色的服务人员也不会轻视她，因为她足够撑得起气场，已经不需要靠外物了。

这样的女人气质如同美酒，很难一次品味，需要体会每一层的味道、不同程度的香气，复杂而难懂，神秘而危险。

我想，抵抗岁月最好的武器就是让自己变得复杂起来，这样即便青春被磨损，在时光中不断消逝，我们还有更多方面的成长和积累，把自己推到更高的地方。

因缘巧合，我曾在一档节目现场见过某知名主持人。当时并非正式拍摄时间，不过是某一次的彩排，我意外地发现了这名女主持，因为她在节目之外的模样有些不同。

她是素颜上台的，在周围一众浓妆艳抹的年轻姑娘围绕下，显得有些格格不入又理所当然。素颜并没有减弱她的气场，哪怕一身休闲，看起来一副懒洋洋又家常的模样，但拿起话筒的一瞬间，你就发现她立刻变了——

眼神变得有了光彩，背挺直了，肢体语言变得更开放，那是在舞台上最恰到好处的样子。此刻你便忽略了她几分钟前的状态，将她与节目中的那个形象联系在了一起。

此时我就明白了，为什么她彩排不必带装。华服美饰、精致的妆容是否存在，并不影响她彩排时的状态，也不影响导演和制作人观察彩排的呈现效果。她自己就足够有能力和魅力，将一个舞台演绎好。

这样的女人真的复杂，你很难在同一个场景读懂她。在舞台下她平易近人，举手投足之间都是前辈的温和，说话的时候眉眼带笑，偶尔还会流露一点少女般的活泼，让我一下跌掉了眼镜，因为这可不是她在舞台上端庄大气的样子。

跟旁人讨论工作的时候，她又带了一点严肃，来自上位者的压力让你不得不重视她的意见。这时候的她总是不怕严厉的，只要是有什么地方过不了自己这关，她就会跟对方提出改进的意见，哪怕是跟导演争执不下，也毫不妥协。

一上了舞台，她又是光芒万丈的模样了。她的言语和气势就是最全面的武装，给她披上了触不到的华服，画上看不见的妆容。

能够在不同的场合展现出不同的气质，是一个人的多面性，这样的女人更有魅力，而且这种美是超越岁月的。也许你说不上来她哪里好，但一定不会否认她吸引人。

人类向美而行的选择是共通的，哪怕你嘴上说着自己更欣赏长得漂亮、青春美貌的年轻人，在看到有着如此复杂气场和魅力的美人时，也一样会忍不住驻足多看两眼。正因为你读不懂她，才会受到她的吸引。

别让人轻易读懂，方能懂得在合适的场合以不同面貌应对。做一个千面女郎，永远带有一丝神秘感，才能永远保持你的吸引力。

Part

❸

学会打理你的人生

享受一个人的热闹

记得还在读书的时候，女孩子们是一刻也忍不了独自一人的。只要有朋友，行动间就一定是形影不离、三两成对，不管是一起去唱歌还是自习，走到哪里都能听到她们呼朋引伴的声音。

不热闹那是不可能的，那样的日子里，生活就好像永远不会孤单一样。所以，她们忍受不了一个人，就连去厕所这样私密的事情，也一定得找个志同道合的“队友”才行。

不然，只有你自己孤单的身影，走在热闹的走廊上，看着别人谈着八卦、聊着新闻，你却插不上一句话，尴尬极了。缺了个人陪着，就连去厕所都失去了磨蹭的机会，你得速战速决，不然就会无形中尴尬起来。

然而成长就是学会忍受孤单的过程。我们逐渐开始适应那些一个人的场景，也明白，一个人不等于不热闹。

渐渐地，我开始明白，生活始终在教给我们一件事——如何一个人也能热闹地活着。

这个学习的过程可能有些磕磕绊绊，甚至有些残酷，你也未必能在独立的年纪就真的懂得忍受寂寞。但不论走到哪个时候、或早或晚，你终归会懂。那时候，你就领会了生活的真谛了。

单身的朋友A常常羡慕我们这些成双成对的人，却不知道我同样羡慕她的自由，一个人可以更加自由，也许一些决定、一些冒风险的选择少了一个人支持，但从另一个角度看，也少了可能的反对，反而更加从心所欲了。

但是权衡之下，她还是会坚定地告诉我："一个人的日子，真的很难过。"

一个人生活很容易失序。A常常会有些心血来潮的时刻，反正不必考虑另一个人的步调，所以她做事总是缺乏计划，打算好的一切也可能在紧要关头改变，一些曾经计划得很好的未来，最后也总是草草收场。

一个人缺了些约束，也就暴露了那些内心的懒惰。哪怕一个人吃饭，速度都得快一些，草草结束就罢了，更没心情享受美食的欢愉。

但我明白，这不是独自生活的问题，而是A自己的问题。她还没学会真正的独处，也不懂得怎样一个人热闹地活着。敷衍自己总比敷衍别人容易，前者连借口都不必想，所以独自生活的时候，我们很容易习惯敷衍自己，最终越过越糟糕，生活质量很难提升。

但只要愿意"折腾"，自己过日子一样可以有滋有味、有模有样，享受独自的热闹。

学会独处，哪怕自己独自前行，一样可以过得风生水起。

教会我道理的人是我曾经的室友，在研究所读书时候认识的J小姐。

遇到J小姐的时候，我跟她的状态差不多——都处于长期的独处状态。刚刚从热闹的大学里面毕业，进入相对封闭的研究所，失去了关系亲密的朋友，长期保持着独立工作、独自生活的状态，让我当时过得很糟糕。

每天，我都陷入“没人可以交流”的痛苦中。研究所的规模并不大，整个办公室每天能见到的面孔不过几个，而只要你坐在自己的工位上，跟他们一天都说不上一两句话。

就算讨论起来，和这些男孩子也找不到什么共同语言，他们更容易对如何解决一个关键技术问题、怎么发好文章感兴趣。你说什么流行风尚、秀场趋势？想探讨什么社会新闻、明星八卦？不好意思，他们不懂。

我们之间的关系就像是从南极到北极，从飞鸟到游鱼，除了都生活在地球上，找不到什么特别多的共同点。

乍一进入这样安静的、全靠自己来安排的人生里，我有些不适应。那段时间，我在办公室一天天地游荡，什么工作都不会安排，闲下来就拼命发朋友圈，或者跟远方的朋友聊天。一开始没发现，有一天，当我看到自己一个人写了满满一屏幕的聊天对话时，我才突然清醒——

我可能是有点孤独了。

孤独让我变得失序，什么都不做却总觉得疲惫。这时候，J小姐明明和我处于一样的状态，却让我看到另一种活法。

她也刚进入研究所里，在另外的楼层办公。作为室友，她热心得甚至有些让人烦恼了，周末常常拉着我一起大扫除，在我无所事事的时候，一把将我拽起来，邀请我和她尝试着做点好吃的东西——天知道，我们两个都是不通厨艺的新手。

有时候，我表面上很犹豫，抗拒着她的拉扯，不想离开那张躺了一整天的床，但内心是窃喜的。至少她给我找了一件事情做，将我从放空中解脱了出来。

只要能做点事情就好，至于大扫除有没有用、做的饭能不能吃，我是一点都不关心的。然而这样的态度，却在真正看到成果的时候改变了。

收拾过后的出租屋，连晒进来的阳光都亮了几度，曾经模糊的环境变得鲜明起来，我好像第一次看到一桌一椅的真实模样。而吃到嘴里的面，难得地比想象中美味不少，更重要的是，这是我第一次下厨的成果。

J小姐和我一起大口吃着面，一边豪迈地抹着嘴，一边说："房子虽然是租来的，但是日子始终是你自己的。就算一个人，也可以过得有滋有味呀！"

是啊，她就常常给自己营造惊喜、取悦自己，把一个人的日子也过得很热闹。她屋子里开放得热烈的向日葵，是回家时在地铁站边上买的，每周一束，每一次都是不一样的花朵，却让日子被标记了似的，有了百合的香或是向日葵的烈，深深刻在记忆里。

她脚边的地毯是在淘宝上淘来的，花了19.9元，却带来了1999元都买不到的幸福感。每个周末都看到她倚着抱枕、坐在地毯上看电影，而我都不知道多久没关注过这些东西了。

“你……平时这样不嫌累吗？”我嗫嚅着，说了句。

“当然不累，你会发现自己活得很热闹，永远知道接下来要做什么，而且会开心地做。这样的日子，就算一个人过也不会寂寞。”她说。

没有人会替你过你的生活，也没有人有义务让你快乐，你还是要学会取悦自己。

J小姐每天都过早睡早起的自律生活，她常常得意地对我说，这是“女人的坚持”，因为可以让她容光焕发保持美貌。她也乐于一个人去逛街，哪怕是在工作的间隙有时间，她也愿意花一两个小时画个美美的妆容去逛。J小姐平时的工作任务也不轻松，所以她选择养了一盆好照管的蝴蝶兰、几株多肉，看它们长得热热闹闹，就像J小姐的生活一样。

我有时候觉得，愿意养花的人，大多数养的不是花，而是一份闲情雅致，一种对生活的追求和享受。愿意侍弄花草的人，也都能将自己的生活打理得井井有条。

J小姐在自己的花盆里选了一株小小的多肉送给我，看着它，就像是看到我将来也充满生机的日子一样。我发现，一个人也可以活得热闹而精彩，不必别人替我规划些什么路，自己就可以走得很好。

独立的另一个表现，大概就是学会一个人好好活着，享受生活，把一切都打理得井井有条。

我曾经以为自己是个独立的人，是个离群索居也完全不会惧怕的人，但那些经历告诉我，我错了。当你真正出于这种势必要独立的状态时，你永远不能预料自己是否有足够的坚强和自立，来保持生活的秩序。

所以，别对自己抱有太大的信心，时刻警惕着可能到来的、无可避免的孤独危机；但也别对自己没有信心，你要明白，我们都能够适应这样的生活，并且可以活得很好，只是时间快慢而已。

如果你能自己也活得热热闹闹，不是活给别人看，而是把自己当作最好的观众去对待，不敷衍、不颓丧，你就真正成为一个独立的人了。那时候你会发现，一个人吃饭、旅行、生活，并不一定是一种孤独的场景，也可能是温暖阳光下，你闭上眼睛时感到的满足与平静。

不要为不重要的人委屈自己

做一个精致的女人，首先要懂得自爱。这种自爱不是要求你做一个精明的利己主义者，只是告诉你，不要用无谓的善良来委屈自己。

善良也应当是有锋芒的，这种锋芒便是你的原则。相信我，不论你的原则是怎样的一套标准，写在第一条的都应该是懂得爱自己。世界已经如此残酷，活着便要拼尽全力，你还有什么资格不爱自己？

善良可以，但千万不要为了那些无关紧要的人委屈自己。

有些姑娘的善良甚至会让我感到恼火，譬如我的后辈安安，我常常因为她生出一种无可奈何之感。

安安是个挺有礼貌、有热情的姑娘，因为刚来的时候是我带着她熟悉环境，所以难免对她有了一种责任感，哪怕她有了自己的岗位和工作，我也愿意照管她几分。

她也就顺理成章将工作中的苦恼告诉了我。在岗位上工作了一个月，安安就苦恼道："前辈，你知道该怎样拒绝别人吗？这样会不会让我受到排挤？"

我听了，叹了口气，还没等她说便猜出了这背后的故事。安安脸皮太薄了，以前实习的时候我就发现，只要是前辈们吩咐的事情，她总是诚惶诚恐地答应下来，忙不迭就去做。有些工作明显不那么重要，也不过是前辈不愿意做才推给她的，但她一点都不敢敷衍。若是做不好了，她还会泪眼汪汪地来求我，让我给她指点。

其实，有些工作哪怕是前辈说的，一样可以拒绝或者一带而过。在我工作的地方，那种上下级观念并不严苛，彼此都可以说出自己的诉求，但即便我提了，安安也没什么改变。那时候我以为这是因为她刚来，没有底气所以不敢拒绝，后来才发现，这就是她的性格。

说好听是善良，说不好听便是懦弱。这样的职场老好人往往都是被欺负的，人们不会因为你一退再退就停下，总有一些不懂分寸的人把你的退让当成有便宜可占。

这不，安安告诉我："前阵子我出差比较多，每次出国总有人让我帮他们带东西。熟人还好，连一些同事的亲戚朋友也找上门来，把我当成代购一样，言语之间还暗示我不要多收费。"

"也就是说，把你当免费劳动力了？你怎么不拒绝？"

"你看，他们都说是谁谁的朋友，要是我拒绝了，以后在办公室怎么跟他们打交道呀！恐怕见面我都觉得对不起人家了似的。"安安苦着脸说。

我有些莫名其妙，你既没有做什么伤害别人利益的事情，又不曾答应了却食言，有什么对不起的？

后来我发现，许多姑娘都会有这样的想法。当别人有所请求，她们不论能不能办到、是否因此感到苦恼，都会自然而然地先将这份请求当作自己的责任。如此一来，若是最终拒绝了，内心就产生了一种未能履行责任的愧疚。其实，没有人要你抢着背负这些责任，他们不过张张嘴，你也不过正常说不罢了，有什么可愧疚的呢？

不合时宜的善良放在这种地方，只会让你的良心备受谴责，但原因是莫名其妙的。为了些不重要的人和与自己无关的事情来为难自己，这又是何苦呢？

而安安做的则更让我哭笑不得，她常常会因为不想背负这种谴责，就无论多难都答应对方的请求。有些时候，她帮忙还要倒贴自己的时间精力，甚至倒贴钱去做事，一旦做不好了，竟还有人私下偷偷埋怨她。

“早说自己做不到，我不就去找别人了吗？看她把我的事情办成什么样了？”听到这样的流言私语，安安忍不住又哭了，表面上却不敢说什么。

总是这样委屈自己，她并没有得到什么好处，反而失去了快乐。

所以我常说安安是个傻姑娘，总为了别人委屈自己，却没有什么目的。这样毫不为己、专门利人的雷锋现在可不多见了，没想到口头表扬都没听到几句，却人人都把她当成了软弱的绵羊，没事就来薅一把羊毛。

朋友小K评价说：“无原则的善良就是一种对待自己的恶行。”

小K就跟安安完全不同，她信奉穷者先独善其身，再兼济天下，连自己的日子都过不好，就不要谈如何帮助别人了。平日里她并不像安安那样热心，很少主动向别人伸出援手，除非对方请求。就算如此，若是自己做不到或需要勉强的，她也总是干脆拒绝。

但神奇的是，小K的人缘甚至比安安还要好。正因为她总是斟酌着答应别人的请求，所以每次应承必然能达成想要的结果，反而给人留下了一种可靠的印象。也就是因为她总能用妥帖的方式拒绝，不拖泥带水，耽误他人的时间，所以并未因为说“不”而给自己招来非议。

“我们应该学会拒绝，这是很多姑娘都不懂的。”小K说，“如果一个人因为你拒绝了他就恼羞成怒，显然没有继续和他交往的必要，早些离开说不定更明智，压根儿不需要你烦恼焦虑。”

若是善良到连拒绝都不懂开口，善良便会演化成软弱，我们终将为了那些并不重要的事情来委屈自己。然而你越往前走就越明白，我们一生中能给自己遮蔽的只有自己罢了，父母也好，亲友也罢，他们终将只会陪伴我们度过某一段时刻，没有人可以永远为我们树起保护伞。

既如此，这世上最应该爱护自己的，首先是你本人。生活本来就已经有如此多的无奈，需要我们妥协、挣扎，用泪水和汗水去换取机会。那在剩下的时间里，为什么不极力让自己过得快乐呢？

别习惯委屈自己，你的善良应该是有原则的。

善良应当懂得拒绝，并不是所有的请求都应该答应，而说“不”也不是十恶不赦的事情。鼓起勇气来，张嘴拒绝，你会发现得到的并非排挤打压，而是人们对你的重新定位。

我们终究要靠能力来站稳脚跟，而不是在别人面前退让忍耐。委屈自己并不能让你得到想要的东西，当你足够优秀，就能获得对等的资源，不必忍受任何人便能昂首挺胸、底气十足。靠谁都不如靠自己，凭能力吃饭的人，腰杆都会挺得更直一些，自然不容易受委屈。

原则是不管走到哪里，你都应该带着的东西。原则便是底线，一步都不能退，委屈什么也不能委屈了你的原则。失了原则的人总归会迷失自己，与其在将来的某一日，看着自己陌生的样子痛哭流涕、悔不当初，不若在一开始就守住原则，不退一步，便可相安无事。

记住，永远不要为了那些无关紧要的人或事来委屈自己，你值得更好地对待。

没有人是真的万人迷

最近在网络上流行的一个词“讨好型人格”，戳痛了许多人的心。

有很多姑娘其实都习惯于讨好别人，取悦别人似乎比自己过得快乐更加重要。这样的人往往活得很沉重，但我又隐约懂得她们的想法，毕竟我们的教育同根同源，而做一个中国式的好人，往往就需要讨好。

我也曾是一个乐于讨好别人的人，希望身边的每个人都能对我怀有善意。

然而这样是很累的，你永远都无法控制别人的想法，不论你做得再好，终归会有人讨厌你。没有人是真正的万人迷，万人迷的另一面便是万人敌，有多少人爱你，便有多少人厌恶你。

若是没有足够强大的内心来承受这个事实，便会在无止境的讨好当中崩溃了。

与其如此，不如抛弃对别人的在乎，选择过好自己就可以。你应当相信，自己值得有些人无条件地爱，也总有些人会毫无缘由地厌恶你，独善其身就可以了。

精致的女子往往思想独立，她们有良好的风评却又不在乎风评，永远按照自己的步调走在自己想要的路上，但就是因此得到了志同道合者的赞赏。

若是只为了获得别人的认可活着，便会习惯于讨好，小心翼翼生怕惹了厌恶，反而会被别人塑造成你不喜欢的样子。

在旅游的途中，我曾认识过一个很有趣的女人S。她20多岁的年纪，永远干练地扎着马尾，打扮得干净利索，但能看出是个资深驴友。我们同行了近半个月，一众人便深深地被她的魅力所折服了，活成了潇洒的样子，大概就是对她最好的注解。

她很独立，别的女性还在犹豫着是否提得起行李、忍得了酷热的时候，她默默无言，扛起包裹就走，像一阵风一样从你身边掠过。明明可以求人，但她偏偏选择了凡事自己做。

她很性感，不做娇滴滴的小女人，并非就得不到异性的爱慕，当她在夜晚的海边穿一袭长裙，在火光边弹着吉他，抑或在露台上静静喝一杯酒的时候，你会觉得她就像十几年前的张曼玉、梅艳芳，有一种说不清的复杂和美艳。

她也很幽默，无论遇到何等令人窘迫的境况，她从不会觉得尴尬无措，既能巧妙地转折话题、帮人解脱，又能用自嘲来化解自己的小麻烦，游刃有余中表露着真诚和善意，让她身边的空气都变得快活了几分。

我特别喜欢她，也觉得没有什么人会不喜欢她这样的姑娘了。然而一次深夜里的聊天，S听到我的羡慕，却叹了口气：

“这世上没有谁是真的人人喜爱的。”

上帝再尊贵，也不能改变异教徒的信仰，金钱如此万能，一样有人视如粪土。

S一样面临着反对和排斥。她的生活方式之所以潇洒，恰恰是因为别人做不到，而做不到的背后便是隐藏着的重重阻力了。她出身于一个严肃的军人家庭，却喜欢嬉皮士一样的生活，自由、叛逆、追求艺术一样的人生。在古板的父亲看来，既不上进也不乖巧，整天在外面混迹，和陌生人同游，没有女孩的样子。

大学的时候，她偷偷改了专业，从会计系转到了摄影系，又被家人好一顿呵斥。在父母看来，她是异想天开了，放弃正儿八经的学业，去学着那些富家子弟搞不务正业的摄影。他们并没有觉得自己的女儿拥有这方面的天赋，反而认为这是一种任性天真的表现。

听到这些的时候，我有些感慨，大多数抱怨自己生活平凡的姑娘，是否都曾经有过一颗离经叛道、特立独行的心，就像我，也曾经像S一样，有过那些被别人视为不切实际的梦想，却因为顾及着周围人的看法、犹豫着不敢反对和抗争，失去了许多活得更精彩的机会？

那时候我在想什么呢？我想着别人的评价，在意着他人对我人生的看法，我想活成别人眼中幸福的样子，想要得到绝大多数人的善意。然而我忘了，真正的幸福是自己给予的，也是源于自己内心的感受，自己快乐才是最重要的，为了别人的肯定去活着，你的选择终归会出问题。

没有人是真的万人迷，要是你真能得到每个人的肯定，那你得平凡成什么样子、被生活磨去多少棱角呀！

S便早早地在父母的态度中明白了这个道理——活成别人眼中优秀乖巧又完美的姑娘，不如活出自己想要的模样。S的这条路，得到了多少人的欣赏和赞美，就扛住了多少人的反对和诋毁，甚至她的父母就是反对派里面摇旗呐喊的先锋。要扛住多大的压力、忍受怎样的痛苦，才能在至亲的反对和排斥之下，也坚持走自己认为对的路呢？

真的太难了。

所幸S坚持住了，而且她从始至终都知道自己内心想要的东西，从未迷失过，也未走上歧路。她过着自由潇洒的日子，成了一名新闻摄影师，闲暇的时候就外出旅行、拍摄风景，在业内也算小有名气。她活得自我却又不自私，自由却不过分肆意。

曾经动辄反对、对她评价极低的父母如今也软化下来了，就像S豁达地对我说的那样："在你人生的某个阶段，总会有人反对、不理解你，但人的判断是这个世界上变化最快的东西，所以永远都不要失望，总会有人认可你。"

只要你坚守初心，时间会改变很多东西，你曾经在乎的那些反对和驳斥也许会变得无关紧要，也许会变成支持与鼓励，又或者是其他复杂的感情。而你只要记得，永远先肯定自己，做自己的支持者，那就足够了。

我们做不了万人迷，大多数时候我们的言行都得不到所有人的认可和支持，但只要是想做的事情，虽千万人阻碍，亦往矣。

远房的小堂妹曾倾诉过在初中学校里的事。小女孩的生活单纯又复杂，充斥着在大人眼中并不重要的烦恼和矛盾，并且让她们时时忧心，这仿佛是青春特有的一种症状。

小堂妹觉得自己莫名其妙被班里的人排挤了。曾经大家都很喜欢和她聊天玩耍，她长得就像洋娃娃一样可爱，性格又温柔，招来别人的喜欢和善意也是顺理成章的事情。

但在小姑娘的世界里，有些误会，可能莫名其妙就有了，有些情绪总是一触即发。大概是班里某个人缘比较好的男生跟小堂妹关系好了些，他的小粉丝们自发对小堂妹产生了不满情绪，渐渐就在细节中表现了出来。小堂妹突然发现，有些女孩开始不爱理她了，也不喜欢跟她一起玩了。

她委屈地跟我说："我特别小心地讨好她们，还以为自己说错了什么话、做错了什么事。结果人家跟我说，没什么原因，就是不喜欢我。"

我一度有些无言，也并没有像其他的大人一样告诉她，这并不重要，她根本不必理会。年少时，我们的世界就是这样，一点小小的摩擦都可以成为天大的事，正因为还没有经历过什么波折和困苦，所以更容易为了那些小事情牵动情绪。

能为了小事而感到烦恼，其实是一件幸福的事。而懂得放下这些，懂得不去讨好和在意别人的看法，需要自己亲自经历与体会，别人是不能教的。

你看，我的小堂妹就学得很快。最后跟我告别的时候，她不服气地跟我说："哼，不喜欢就不喜欢，我才不稀罕她们喜不喜欢，我的朋友喜欢我就行。”

对大多数人而言，得到别人的喜爱是一种本能需求，我们总在不知不觉地做一些讨好别人的事情。若是哪个陌生人莫名其妙地表达了对我们的恶意，自己都得面壁思过、心惊胆战，生怕哪些地方做得不好。

然而终究你会发现，这样太累了，而你永远都不可能成为每个人交口称赞的角色。活出自己，活出真实，本来就是有人赞也有人贬的事情，但对我们而言，却是最快乐的选择。你不必做别人眼里最好、最完美的那一个，只要获得自己的欢喜便足够了。

你的质量决定朋友圈的质量

你是什么样的人，就会吸引什么样的人。

那些所谓“人脉”的东西，并不取决于你见识过怎样的大世面、认识过几个厉害的人物，或者是如何钻营，而取决于你自身的质量与能力。

如果你是一个实力足够的人，就有底气和同样有能力的人站在一个水平线上，不必过多经营，他们就会成为你朋友圈的一部分。若你的实力不够，却只想着攀附，只怕绝大多数的“人脉”都会对你客气冷淡，毕竟当你想要在他们那里获得些什么的时候，自己能不能给予同等价值的回报呢?

这个道理，许多人都在吃亏之后才能明白，如我在微信上的一个好友L。

L是我的大学同学，是个人缘很不错的姑娘。我们最亲近、熟悉的时候便是大学时，她不仅是相邻宿舍的朋友，也是同在学生会的伙伴。在学生会的时候，我们一起熬过夜画图、一起跑宣传拉赞助、一起安排场地组织工作，彼此看待对方都有一种“惺惺相惜”之感，这就是革命友谊了。

但我也知道，L跟我是不一样的。

我享受着每一次做出成果后的成就感，而她更喜欢那些热闹的、与人打交道的生活。我更喜欢在深夜一个人琢磨宣传图，做出最完美的、令人愿意驻足和拍照的作品来，她则喜欢在活动中认识新朋友，邀着大家一起聚餐玩耍。

“我喜欢交朋友。”L常常笑着跟我说。

后来，L和一个学长走得很近。这个在大多数人眼中十分成功、堪称“风云人物”的学长对L影响很大，他极力劝说着L锻炼自己的社交能力，并且学会打造自己的“人脉”。

“别交那些没用的朋友，你得多跟厉害的学长学姐、大牛老师搞好关系，多认识贵人，有好处自然会想到你。”学长理所当然地说，正是因为他刚得到了来自所谓“贵人”的帮助，获得了不错的工作。

L一开始并不喜欢这样有目的的交际，但渐渐地，她似乎被学长的成功和顺利说服了，也开始学着这样做。也就是从此开始，她逐渐远离了我们。

她渐渐少在朋友当中露面了，而是混迹于高年级之中，甚至更喜欢跟已经毕业工作的社会人士交往；她总是在老师那里频频露脸，工作做得倒是不多，但每次都要做给老师看；她总喜欢晒一些聚餐、活动的照片，每每遇到有些名气、能力的人，就凑上去合影要联系方式……

她开始心浮气躁起来，隔三岔五地缺课，成绩总是低空飘过。她的舍友悄悄告诉我：“L现在跟富二代的圈子混得很近，天天跟着富二代逃课出去玩。”言语之中，透露了一丝不屑。

我有些迷茫了，难道这就是L曾经极力邀请我也去建立的

“人脉”吗？我仿佛看到她的人脉变成了一张大网，而她就是网上挣扎不出的飞蛾，却还不自知。我们明明应该先靠自己站住脚，而一开始就想着依附别人生存的人，最后只会失去独立迎接风雨的能力和勇气。

后来，L面临毕业找工作或读研的问题了，而她那张毫无竞争力的成绩单，实在是给L添了不少麻烦。此时，她开始想起了自己的人脉。

她去老师那里隐晦地试探，问老师能否给自己留一个硕士名额。喜欢她的老师有不少，他们都慷慨地说：“只要你能上线，老师肯定要你。”L高兴了，还跟我说：“打好关系还是有用的！你看，老师们都愿意要我。”

我默默地补充了一句，前提是L得先考上线啊！果不其然，L过了几天就打消了读硕士的念头，因为觉得自己肯定考不上。

她又去找工作，一边面试投简历，一边隔三岔五请自己的“哥哥姐姐”吃饭，希望他们给自己介绍一份工作。没想到平时混得还不错的前辈，知道这事要么表示爱莫能助，要么干脆避而不见，要么就是介绍一个不上不下的后勤岗位，都没让L满意。

一个相熟的学长告诉L真相：“你想要他们给你开后门，那安排的工作就不可能很重要。真正重要的岗位都要有能力的人来做，他们敢随便安排吗？”

说到底，还是看不上L的能力，不相信她能做好罢了。

L愣住了，这为什么和自己想象的不一样？原来所谓的人脉，不过是能锦上添花、助自己一臂之力的东西，但在这之前，你得先爬上这个平台、有足够的能力，才能接住人脉带来的好处。

她痛定思痛，靠自己的简历找了一份工作，做销售岗位，平时辛苦不少。但是L挺开心的，她说："我能干好这份工作，重要的是，这是靠我自己得到的工作。"

吃过亏，这个姑娘才知道，是自己的能力决定了自己站在哪里、有了怎样的交际圈。

自有了社交网络开始，"朋友圈"这个词就变得越来越具象化了。"谈笑有鸿儒，往来无白丁"，一个高级的朋友圈总能引来人们的向往，而现在，你的圈子又可以放在照片里秀着、视频里晒着，让别人知道自己过得多好、交友多么广阔，谁能拒绝这样的诱惑呢？

于是，人人都爱上了经营这个"圈子"。但这份秀出来的情谊到底有多深厚，谁也不知道。也许你以为照片上笑得开心的两人是至交密友，其实他们不过是偶然相见的陌生人罢了。

一个表面高级的朋友圈，一个看似广阔的人脉圈，根本无关紧要。一个懂得精致生活的人，必然懂得将生活掌握在自己手里，而最根本的便是拥有足够的能力。有能力站在更高的平台上，你自然会吸引同类，而不必费心搜寻。

朋友K曾经在一所资源极好的学校求学，在这里的学生不仅优秀，而且大多数家境优渥。亲戚曾经笑着对K说："多交朋友，这些朋友以后都是能帮到你的。"K那时便嗤之以鼻，觉得毫无道理——谁是以“能让别人帮到自己”为目的，去交朋友的呢？

这样的人，没有真心好友也就情有可原了。

她从没这么想过，在学校的时候只跟自己喜欢的人玩耍，既不谄媚那些家室好的同学，也不会对出身平平、成绩不高的同学有什么看不起。大多数时候，她还是专注自己的学业，努力提高自己，哪怕身边许多人都觉得她交友不够广阔。

但是她很骄傲：“好友不用多，有两三个就足够了。”

的确，她的朋友虽然不多，但是他们的关系是有目共睹的亲密，而且十几年时间里从未改变。哪怕现在大家已经离开学校十年了，K还是会每天跟他们联系，或是聊聊生活、吐槽些琐事，或是讨论人生大事。他们从未缺席对方的生命。

而K和朋友们也都各自过得很好。她没有利用在学校中的人脉资源，而是利用了学校的教育资源，以优异的成绩毕业，并顺利前往美国顶尖的高校深造。后来，她在北京有了一家自己的公司。

当时她离开国内去求学的时候，这样告诉我：“我一直都知道，别人的永远是不可靠的，学到的才是自己的。”所以，她始终牢牢地抓住那些唯一属于自己的东西，才能在种种环境下立于不败之地。

我曾听一位理财专家说过这样一句话，若是金融危机之下，大环境颓败，年轻人唯一积攒财富的方式就是贪婪地学习。只有靠自己，才能永远不败；只有你先成为更好的人，才会拥有更高质量的圈子。

乏味的女人才会一成不变

前阵子，阿沁在群里跟我们抱怨，自己想辞职了。

“当初大家都劝我毕业后回家乡工作，安稳。”阿沁在快速地打着字，看得出来她攒了许多怨念想要倾诉，“但是安稳的代价是什么？是一个月2000块钱的工资！是摆脱不了的各种麻烦啊！”

阿沁心里一直都有不甘。

她是在大城市里求学的，身边的同学很多都选择了背井离乡，在外地打拼。她回到家乡后，看着这些留在大城市的人如何辛苦，内心也是有过窃喜、怜悯的，感慨自己不用承受和亲人的分离之苦，也不用在陌生的城市受苦受气。

但是很快，阿沁就发现了自己面临的问题更多。首先是工资少，跟昔日同学动辄几千上万的工资相比，阿沁的工作虽然安稳清闲，但也一样没有那么多回报。她是学计算机的，本来可以在软件行业享受高薪，但父母担心她太累、吃不了苦，硬是劝着阿沁考了公务员，在基层做工作。

其次是麻烦多。基层的工作琐碎但不可或缺，每天跟人打交道让阿沁心力交瘁。而在家乡这个人情社会，很多亲戚知道了阿沁是公务员，总有各种各样的忙让她帮、各种需求要满足，让阿沁更是难以招架。

她告诉我们想辞职，也是情有可原的。

“你辞职之后想做什么呢？”我关切地问她，想着若是有什么需要帮助的，我一定义不容辞。

没想到阿沁吐槽的文字突然停了下来，久久没有输入下一句。接着，我看到一条短短的消息，几个字：“唉，就是抱怨一下，没想真辞职。”

我愣住了。以前阿沁不是这样的，她是个说一不二的姑娘，说做什么，就是别人眼里有些惊世骇俗，她也会去做。年少的时候她喜欢低年级的男孩子，不顾老师和家长的高压政策，冲到人家班里就去表白，一整个风风火火的疯丫头样子；大学的时候，她不喜欢社团里的官僚主义和各种虚伪做作，就干脆在自己演讲的时候，将一切都摊开来说了个痛快，然后扬长而去……她是个多敢作敢为的人啊！

我以为，她说要辞职就会立刻收拾行囊，去追求新的生活。然而我们终究还是长大了，有了更多的牵挂和顾虑。

对已经在家乡生活了五六年的阿沁来说，这样平淡的生活虽然乏味、烦躁，但太过安稳了，她没有勇气去经受外界的风雨和波折，也受不起任何风险。所以，她宁愿让自己在所厌恶的工作中挣扎，生活在一个提不起劲来的状态下，也抗拒改变。

不改变，似乎就足以让自己的生活变得更安全。然而我却不是这样认为。当世界瞬息万变，别人都在向前走的时候，不改变的你，就是那个被抛在后面的人了。

你会变得跟不上时代的潮流，会变成在别人眼中乏味无趣的模样，小到听不懂新鲜的网络词汇，被年轻人们嘲笑“out”了，大到让自己与社会脱节，做出的决断都不符合人们的新需求……这些，便是一个人被时代甩在后面的表现了。

所以，改变自己的生活并不应该被恐惧和抗拒，不改变才会留下隐患。任何一种新的尝试都必然会带来风险，但这样的风险是小的。若是你永远不愿尝试，不过是将风险累加起来，最终引爆它罢了。

如同温水煮青蛙一般，像阿沁这样过上了安稳日子的姑娘，总是特别抗拒改变。而那些选择在风险颇多的大城市打拼，还没有定下一生的女孩们，则总是特别大胆，乐于改变自己。

也许就是因为少了内心的压力和牵挂，所以才更容易做出尝试、改变的选择吧！所以我总是有意识地让自己的生活过得不那么安稳，哪怕有更保险的选择，我也愿意去尝试风险，就是为了避免自己沉溺于安稳。

只有这样，我才愿意不断改变、挑战、前行，才愿意承担责任和任何后果，才能始终不被时代所抛弃。

所幸，有很多姑娘都是这样的，她们也许还在漂泊，也许没有进入幸福的婚姻，没有别人眼中稳定的工作，但那一身的勇气却是最珍贵的。

听说茜茜在杭州买了自己的房子时，我身边好多女孩都在赞叹，无非是她还这么年轻，没有男友、没有结婚的压力，却能靠着自己的工资在大城市养一套房子，实在是太不可思议、令人佩服了。然而是茜茜做了这件事，我却毫不惊讶。

她一直是这么一个敢于挑战自己的人。毕业的时候，她一心想去大城市发展，相恋多年的男友却在家乡找了公务员的工作，他们之间产生了难以互相劝服的分歧。最后，茜茜干脆利索地结束了六年的感情。

她告诉我："我有自己的梦想，我的未来不是回到家乡过一辈子能看到头的生活。"哪怕这样做，许多人都在骂她傻吧！

她在杭州做了一个教育机构的老师，工资不少，但也有很高的要求。茜茜从来没有慌乱过，不管是连续十几天每天上课十几个小时，还是带学生参加各种考试，她都能处理得游刃有余。平时，她在外面将出租屋打理得干干净净，学会了做菜，练起了舞蹈，甚至还养了一只猫。

我常常看到她在朋友圈里上传的视频，今天跟老师一起跳舞，明天跟猫咪在家打闹。她做了很多我曾经想象不到的事情，但仔细想来，却又顺理成章。

这就是她呀！一点都受不了无聊的日子，所以永远在改变自己，始终乐于学那些有趣的、能让生活更丰富的东西。哪怕别人告诉她，你不过是一个平凡柔弱的女孩子，她也能变成自己的泰坦巨人，一个人活得精彩肆意。

现在，茜茜有了一个家，以后一定会更好吧！

很多时候，我们向往成为茜茜那样的人，最后却活成了阿沁的模样，只不过是因为少了一点勇气。若是你真的觉得一成不变让自己乏味，就千万不要忍耐，当你付出一些勇气改变之后，会发现——一切都那么好，不会有什么比一成不变更坏了。

哪怕你承担了风险，为自己的改变承担了后果、交了学费，也一定不会感到遗憾和后悔。因为走错路虽然会痛，但你依旧往前走了一步，这便比原地驻足要好很多了。

保持距离感，才有舒适度

一次，我们办公室的几个人凑在一起聚餐，其间不可避免地讨论起了大家的感情和家庭生活。

新来的小昕非常羡慕几个姐姐的婚姻状态，跟我们抱怨道："我男朋友就一点都不知道体谅女生，整天惹我生气。"

我们一问才知道，小昕现在就在跟男友冷战中。原因倒也很简单，是小昕的男友不让她看自己的微信聊天记录，小昕女人的直觉立刻作祟起来，让她怀疑自己的男友可能在外面有了"情况"。

"要是没有什么可疑的聊天内容，干吗拦着不让我看？"小昕气鼓鼓地说，"还说什么这是他的隐私，男女朋友有什么要隐瞒的？就是他有问题。"

听到小昕这么说，我忍不住有些不赞同。我就从不让男友翻看我的手机，也不爱让他看到我的聊天记录，有时候他拿过手机翻一翻，我都要浑身难受地抢回来。原因也很简单，这是我的隐私，是我独处时的状态，有些与他无关的事情为什么一定要都让他知道？

即便是世界上最亲密的人，诸如父母子女、丈夫妻子，也应该尊重彼此，并且保持适当的距离。所以，父母翻看子女的日记是极大的错误，丈夫或妻子查看对方的信息也并不是理所应当的事情。

哪怕彼此都了解对方，也应该稍微保持一点让大家自由呼吸的距离，不是吗？

我曾听说，有位名媛一生都没有让丈夫见过自己失态的样子。她每天都会起得比丈夫更早，画一个精致的妆容、安排好早饭，再去见丈夫，所以在男人的心里，她始终都是那个美丽精致的样子。有些人说这是一种虚伪，并不是真正的恩爱，但我觉得这一样是一种值得尊重的相处方式。她不过是给自己和丈夫之间，划定了一个合适的距离。

就如同汉朝的李夫人，据传，李夫人也是一顾倾城的美人，却在死前不愿让武帝见到自己最后一面，就是想在爱人心中留下自己最美的一面，而不是临终前憔悴的样子。这是她为自己和汉武帝之间找到的距离。

我们也应该为自己和身边人划出合适的距离。与亲人也好，爱人也罢，朋友也是如此，有距离感，你才有了一个让自己自由呼吸、永远独立的空间，不会被打扰。

比如小昕，就是一个将距离感抛之脑后的姑娘。她总想着男友和自己的关系，却忘了在身为男朋友之余，他还是一个独立的、属于自己的成年人，他有权利去获得自己的隐私。

至少，只从小昕的描述中，我们没有听到关于他是否出轨的情况，却发现了小昕的无理取闹。一个结婚的姐姐就劝说道："你应该给他一些自己的空间。"

这个姐姐便懂得距离感的重要性。她曾跟我们说过，自己的孩子虽然小，但她从来不会给孩子收拾他自己的东西，也不会看孩子写的日记，更不会问孩子不想回答的问题。她尊重对方，这是一种舒适的距离感。

我想，在这样的家庭中长大的孩子，一定很幸福。他不会被父母翻看一切隐私，导致一句真话都不敢写下来倾诉；他不会被家庭束缚着做这做那、被控制着自己的想法，而是拥有足够的自由。

而距离感的营造是相互的。正是因为你给了别人喘息的自由和机会，自己才会活得一样的尊重与信赖。

距离感不仅仅存在于感情生活中，职场上、工作里，你所接触的任何人，都应该划定一个合适的距离。

职场上的前辈曾经告诉我，在她的理念中，职场中最忌讳的就是“过从甚密”。

“公司里不是没有朋友，只是不会有特别亲密的朋友。你得知道自己和别人的距离，千万不要搞错了这个概念。”前辈这样跟我说。

“为什么不能特别亲密？”曾经我并不懂这个道理，“如果没有竞争关系的话，就算亲密一些也没问题吧！”

前辈摇了摇头，说：“和一个人太亲密，你的责任和义务就越多，容易引来的怨念和埋怨也就越多。”过从甚密，彼此的工作便有了交叠，有些不必说的话仿佛一定要告诉对方才行，有些不用做的事情也变成了必做不可。一旦你没有做到，便是不够意思，很容易从最亲密的关系走到最陌生、最恶劣的关系，就得不偿失了。

前辈自己就经受过这样的教训。曾经她也不太懂“距离感”三个字，在职场上跟一个同事关系亲得不行，很多人都说她们就像是亲姐妹似的，总是形影不离。所以，那个同事的很多求助她都不好意思拒绝，每次都帮对方做得很好，要是做得不好了、上司不满意了，前辈还会觉得很愧疚，谁让她是自己的朋友呢?

而前辈的付出，也让她对自己的同事有了更高的期待。她们有这么亲密的关系，让前辈也理所应当地觉得，对方应该给自己更好的待遇。

同事也多次帮了前辈，但在一次重要考核里，她在提前得知相关消息的情况下，没有告诉前辈。

后来，这件事被前辈阴错阳差地知道了，从此在心里埋下了埋怨和怀疑。前辈苦笑着跟我说：“那时候不懂事，我就一门心思地觉得，她肯定是防着我，没有把我当朋友。不然，提前知道了消息为什么不跟我分享？我明明对她那么好。”

哪怕前辈自己也知道，这是应该保密的，但是一旦放入她们的关系里进行考虑，前辈就不理智了。

后来，她跟这个同事渐行渐远，逐渐疏远了不说，两人心里还有个解不开的疙瘩。这导致她们常常在有意无意之间，说对方的坏话，做一些推波助澜的事情。

几年过去了，前辈逐渐懂得了许多道理，才明白当时的可笑，但破碎的关系永远回不去了。她懊悔地跟我说：“我应该知道，同事之间即便是再亲密的关系，也有职责所在、不能分享的事，我不应该帮她做她的工作，她也不需要将自己应该保密的消息告诉我。”

这本来是个再简单不过的道理，但是一旦突破了那个应该有的距离，一切的理所应当就都变成了不可理喻，感情会驱使着我们，让我们产生负罪感，或者是怨愤心。

所以，不要突破那个距离，便是最舒适的状态了。靠得太近，有时候是件既伤人又伤己的事情。每个人都应该和他人保持一段距离，或近或远，隔着这段距离看过去，就是我们彼此最好的模样。

Part

❹

会爱自己，也爱别人

爱情没有将就，幸福也没有

年纪越大，我们就越习惯于将就。

这样的无奈，大概只有25岁之后的女人才会懂得。年少的时候，没有人愿意将就，也没有人会去将就。青春少艾，时间、精力和美貌一样不缺，前途因为未知而远大。没有“岁数到了”的紧迫感，没有伴随年龄逐渐增长的力不从心，没有外界的压力、父母的不理解，我们自由、独立，有跟世界对着干的勇气，也有肆意挥霍时光的漫不经心。

若是跟此时的自己说起“将就”，怕是只能赢得一声嗤笑，一句“异想天开”。

然而大多数人都没能逃脱年龄和世俗的困扰，25岁、30岁，就像是女人甩不脱的魔咒，再洒脱的人在这个门槛上也会感到迷茫无措，也会因各种原因而动摇对自己的信心。哪怕是事关终身的大事，也会一不小心就将就了。

他们告诉你，该结婚了，于是你走入了婚姻，匆匆将就一个不那么喜欢的人；他们告诉你，该稳定了，于是你选了一份安稳的工作，将就于不喜欢的职业；他们告诉你，该相夫教子了，于是你抛下了打拼的机会，将就于厨房和学校之间……我们越来越习惯将就，却忘了自己快不快乐。

其实从一开始，你就选错了。爱情没有将就，幸福也没有。你以为自己只是将就一次，却不知道将就了一次，就是将就一生。

实验室的师姐今年32岁，未婚。

师姐聪明，北大毕业，在顶尖研究所硕博连读，已经拿到了名校的副教授职位，马上就职；师姐漂亮，天生皮肤白皙的她就像长在研究室的花朵，丝毫看不出岁月的痕迹；师姐会享受人生，旅行的足迹踏遍千山万水，见过最北边的极光，也看过最高峰的大雪……

师姐还很忙，为了她自己而忙，所以一直没有时间去寻觅合适的另一半。曾经师姐总是很享受这种单身忙碌的生活，她说："我的生活已经足够丰富有趣，所以寻找伴侣只会因为我爱他。"我们听了，都将这句话奉为圭臬，师姐实在是太酷了！

现在，很酷的师姐要相亲了。

从步入30岁大关开始，父母就开始劝着师姐找个对象。听说在他们老家的小城镇里，这个从小优秀、令人羡慕的姑娘，已经因为成了老姑娘而被人指摘。

过去家乡的人说起师姐，不管认识的不认识的，都要羡慕这一家出了个会读书的种子，祖坟上冒了青烟的。现在说起师姐，都要感慨道："哪哪都好，可是嫁不出去怎么办啊？"仿佛结婚是师姐的唯一价值所在。

父母受不了师姐被人贬低，也担心自己的女儿找不到归宿，让她快点找个人结婚。没办法，师姐实在拗不过，只好将就相亲了。

对适龄的男女来说，交友圈子太窄了，相亲说不定也会遇到合适的，这不算什么不好的事。不过师姐的相亲之路，因为年龄走得不是很顺畅。

和她差不多大的男人，张口就要找25岁以下的姑娘，连40多岁的男人也敢挑剔师姐年纪大，好像自己多么年富力强似的。不挑剔年纪的，又觉得师姐学历太高、能力太强，怕被她压制。挑三拣四之下，愿意见面者寥寥。

师姐突然紧张起来，第一次意识到自己在婚姻市场上面对的情况，比想象中要严酷得多。她心里的自信第一次动摇了，也发现自己好像很难找到理想的对象。

“我要不要将就一下算了。”师姐产生了这种疑惑。

见了面才发现，师姐要是将就，可不是将就一点点。她的相亲对象有40多岁、毫无共同语言、张口就是房子收入的中年油腻男，也有只要嫁过去就能给孩子当后妈的离异带孩男，跟师姐想找的对象从客观情况到主观选择上，都压根儿不搭。甚至还有个丧偶多年的50多岁叔辈，师姐说比她爸看起来还要成熟。

师姐为难了两个月，到底将就不将就？要是不将就，就凭这个趋势，以后遇到的可能结婚的对象只会越来越差劲，到时候师姐该怎么选？要是将就了，别说是师姐，就连我们都受不了。

师姐的要求也不高，为什么找到的都是这种人，难道是因为年龄吗？所有人都劝着师姐将就算了，就连师姐的父母也劝她：“离异没什么的，我看那个孩子就不错。”可师姐就是咽不下这口气。

滚你的将就，我一个人也能翻天覆地。

师姐怒了，又变成了那个很酷的师姐。她不相亲也不将就，不听别人胡乱建议，就按着自己原本的步调前行。本来如果没有相亲这个意外，她要去享受就职前最后的漫长假期，好在现在也不晚，她收拾了行装，给大家留了信息，就麻溜跑去了理想的度假地。

这一次，谁也别想烦她了，就连父母都差点被师姐从通信录拉黑。没有妥协也不将就，感觉真是——太好了。

一切好像回到了正轨。师姐去了新的学校，工作顺利，半年后她告诉我们，自己要结婚了。

“是你喜欢的对象吗？”我们小心翼翼地问。

“当然了，难道我是会将就、会委屈自己的人吗？”师姐笑着说，“别小看我了。”

准新郎是师姐在学校认识的同僚，归国的金融才子，两个人在食堂窗口一见如故，一拍即合。谁也不会想到，原本需要将就的师姐，就这样拿下了别人觊觎的理想男神。

“他是男神，我还是女神呢！”师姐说。

没错，师姐本来就是女神，又何必将就？只要你足够好，总会等到那个欣赏你、和你势均力敌的对象，那些要你将就的人，不过是没有看到你的好罢了。如果你将就了，就可能错过自己真正喜欢的人，到时候后悔岂不晚矣？

师姐很幸福，也很幸运。但我知道，她不是平白无故的幸运，是因为自己不肯将就的坚持，才得到了这份幸运。我们每个人都有过幸运的机会，只是要等一等，当你等不及将就了别人，就不要怪自己不幸了——那都是你自己的选择。

将就只会委屈你自己，能伪装的微笑骗不了你的心，它是不肯将就的。所以，将就赢不来真正的幸福，也得不到真正的幸运，只有永远随心而行，不去将就，你才能始终快乐。

不要怕别人说什么，他们都不是你。根据别人的话去做自己的人生决定，是最傻最蠢、最不负责的行为。哪怕你的父母，也不会为你的一生负责，所以你更应该相信的，是自己的心。你想不想去做？你想不想这样选？如果不，就别将就。

和师姐不一样，我的朋友A小姐就早已习惯了将就，尤其是在感情方面。25岁之后，父母就告诉她应该以结婚为前提去谈恋爱了，A小姐是个乖乖女，就照着父母的要求去做。他们想要一个家境殷实、能够帮衬家里的女婿，所以A小姐常常要抱着功利的心态去找对象，哪怕是自己特别喜欢的人，只要家境有缺，就不能在一起。

既要自己合拍，又要让父母满意，哪有这样好的事？A小姐常常在拉锯当中崩溃，最终结束一段又一段的感情。仅仅我知道的，在6年之间她就换了6个未婚夫了。

A小姐28岁了，父母着急了，怕她等不起。A小姐自己也很着急，她还很迷茫——为什么会着急？是因为自己想结婚，还是因为父母想让自己结婚？

她已经习惯听话、习惯妥协了，分不清哪个才是自己的本心。

这一次A小姐不敢挑挑拣拣，只好和正在交往的对象结婚了。她觉得很仓促，也很将就，尚未结婚她就能数出对方的许多缺点：自私、懒、男方母亲严苛……但是没办法，她到了结婚的年龄，而对方其他地方还算可以。

还可以，那就行了。A小姐告诉我："反正结婚就是这样，总要有不完美的地方，爱情能吃饭吗？还是过日子重要。"我看她表情懒懒，并没有什么欣喜和期待。

结婚两个月后，她因为家暴离婚了。我赶过去那天，她哭花了脸，因为家暴受伤还躺在床上，拉着我的手说："我最后悔的，就是将就着嫁给了这个人。"好在她清醒得不晚，还有斩断孽缘的机会。

将就真的能得到幸福吗？将就，就是本来就含着不满之心了，除非那千分之一的幸运，让你在后续的相处之中改观，否则只会越来越不满。习惯于将就，习惯于委屈自己，不过是牺牲自己而成全了别人。但是你的一生，也就这样因为将就毁掉了。

不要将就，幸福的字典里没有"将就"二字。

能够轻言放弃的，不是真爱

我见过恋爱顺风顺水，最终却分开的恋人，也见过波折不断还是坚持的对象，其实，任何外力都不是让我们分开的借口，只是因为还不够爱，所以才在遇到困境时扛不住了，有了放弃的想法。

如果放弃的选择压过了爱情的重量，自然就会松手了。所以，别怀疑爱本身，它还是值得相信的。

我想要讲一个有点长的故事，告诉你一份平凡的爱情需要倾注怎样的坚持。

在我的朋友圈里，有个友人X小姐，她那份美满的爱情一直在不知情的人口中传诵。他们讨论着X小姐和Q先生如何郎才女貌、天作之合，我却看到的是一份忠贞的、足够坚定的爱情。

他们遇到的问题一点都不少。年少相识，两个人早就有了暧昧的萌芽，彼此心里都有个小念头——如果我们能考上一所大学，就互相表白吧！

命运弄人，一向成绩稳定的X小姐落榜了，这之后她失落了很久。父母失望的叹息、同学们同情的眼神，让她肩上压力深重。那些辗转反侧的深夜里，她不知道偷偷掉了多少眼泪。她不知道是否要追求梦想，复读去理想的学校，顺便找一个心里的人，但这要冒很大的风险。

那时，同班的Q同学找到她：“我相信你，如果你还愿意试一试，我在北方等你。”

这个约定隐藏着一份没说出口的告白。X小姐坚定地说服了父母，放弃了调剂，选择了重修复读。

最终，她在想要去的大学里，和Q先生在一起了。

那只是他们为了爱情所冒的第一个风险。

任何一个他人眼中的完美故事，都要主角付出几倍于人的努力。其实人生就是这样，没有毫无来由的美满，你所看到的、令人羡慕的感情，不过是因为自己没有付出这样多的心神去维系，所以才错失而已。

比如X小姐和Q先生，在快要大学毕业的时候，也面临过分道扬镳的风险。Q先生早一年毕业，便选择了保送，一所首都的顶级院校早早地向他敞开怀抱，这让我们忍不住感慨——学霸就是不一样！可是，X小姐却在这时候犯了难。

“我想去留学，已经准备好要考托福了。可是他要在国内……”

“你要有信心，不过是几年异地恋而已，你为了一句话，几千里都追来了，还怕到手的鸭子飞了吗？”我这样劝她。虽然我也知道，再浓烈的感情往往也敌不过时间与空间，面临着未来预计四五年的分离，谁也没有信心。

“算了，我也不去留学了。相比于前途，我更珍惜这份感情。”X小姐想了很久，勉强笑着说，“再说，谁说不留学就没有好前途呢？”

她尽最大的努力，想要平衡感情和未来之间的关系。然而好的爱情绝不是一个人付出，两个人都要去努力，向一个共同的未来走去。Q先生知道了X小姐的打算，约她出来说：

“你说过的，爱不是一味的迁就与妥协，不是向下兼容，是一起向上。今天你为了我放弃了这次机会，以后难道不会后悔、不会怨愤吗？我们的感情不应该是你的负担，也不应该给你带来遗憾。”

“可是我怕离开太远，我们就回不去了。”

她想，是不是你不像我这么爱你，才会理所应当地可以干脆离开呢？

Q先生却摇了摇头，认真看着她说：“我一直都相信你，你也要相信我。哪怕你走得再远，我也能赶上去。”

我曾以为这很难，然而几年之后，Q先生的确在结束了国内课程后，在X小姐留学的地方找到了合适的学校。我知道，这很难，两个人一定都做了妥协。但他们也告诉我，原来坚持一份爱情既艰难又不难，这之间的难度，全取决于你的感情深度。

只要你发自内心想要维护一段感情，它总能走到你想去的地方。

我见过如此真挚的爱情，才知道，真正的爱是很难被分开的。哪怕是千里相隔，哪怕是困境重重，爱也可以让他们生出无穷的动力来，最终走到一起。

就像罗密欧与朱丽叶，哪怕生而为敌，一样会因爱相伴，死亡也不能将他们分开。

所以，当我再看到那些说不爱就不爱的例子，心里就容易生出淡淡的忧伤——别互相欺骗了，哪有那么多为难和无奈，不过是你们不够爱了而已。

几年前，朋友Q交了一个不错的男友，家境良好文质彬彬，我也多少为她感到欣慰。没想到半年之后，男孩出国了，Q哭着跟我说："他说他以后要留在国外，所以不得不跟我分手。他哭了，我也哭了，怎么办？我不想分手！"

我知道男孩的学校恰好与Q的学校有联培项目，赶紧跟Q推荐说："你不是考虑过出国吗？可以读这所学校的博士，或者走学校的联培路线，这样就不会异国了！"

Q兴奋了一下，好奇又认真地问了问。没几天又没了下文。

我实在忍不住问了问，Q憋了半天，才说："人家要英语成绩的，挺高的……我得准备好久呢，风险太大了，还是算了。"

我沉默了半天，没有说话。

其实，Q的男友很久之前就在准备出国了，如果早就想过未来，两人为什么不能提前为今天准备一下呢？哪怕只是为彼此考虑一下，做出的选择、结果都会跟现在不一样。

只怕要么是Q从未下狠心逼过自己，让自己跟上男孩的脚步，要么就是男孩也没觉得两人有可以发展的未来，所以才在前行的路上他步履匆匆，没有丝毫等待，也显得格外残酷。

其他人为了Q的境遇唏嘘，为了她和深爱的男友没有结局的感情而叹息，但是我并没那么多感触。我知道，Q是个足够聪明的人，只要她努力一把，不是不能跟男友在异国他乡继续前缘。但是她一方面从未想过努力和未来，从没有将两个人将来的路如何走考虑在内；另一方面，也没有想过为了这份爱去努力。

在吃苦面前，她早就选择了放弃。

男孩也是一样，如果他真的有足够的勇气和坚持，就算暂时分离，也不会让他这么快就做出分手的决定。同样，如果他打算过两个人的未来，分明可以有很多选择去结束这种两地分隔的状态，但他依然没有想过。

两个人既扮演着牛郎织女，又当了各自爱情路上狠心的王母娘娘，那一道打碎爱情的银河，不是别人划下的，恰是他们自己。

当你决定放弃一份爱时，就应当清醒过来，明白我们还没有找到真爱。当你不幸成为爱情里面被放弃的那个时，不要悲伤失态，不要彷徨绝望，也不必给离开的那个人找寻借口。你要知道，当他选择转身离去时，哪怕看起来有多么不舍，内里都已经足够狠心，将你抛弃了。

我们唯有收拾起破碎的心，重新振作起来，去寻找一份真正的、能让彼此坚持到最后的爱。不要失望和难过，你只是用一次坎坷来验证了虚假的爱，这给了你机会去寻找真正的爱情，不是吗？

活得精致并不意味着一生都一帆风顺，但是这样的女人永远懂得收拾起软弱和眼泪，去寻找走错的路里正确的方向和光芒。若是爱错了人，不必找借口留恋，潇洒而去的风会指引你，真正的爱情在什么地方。

没有那么多分开的借口，只不过是不够爱。而真正的爱，面临何等艰难险阻，都会精致如初、光芒万丈。

真正的爱情是让人变得更好

一个生活精致的姑娘，能把自己身边的一切都打理好。她也许不像黛玉一般拥有一副七窍玲珑的心肝，但也绝不是愚鲁不堪的，她们深情又理智，懂得经营一份真正的爱情，让彼此都变得更好。

几年前，朋友T毕业了，在实习时认识了现在的丈夫A先生。别看是相亲相识，两人意外地投缘，很快就走到了一起。当时，A先生正准备辞职去大城市工作，而朋友在结束实习后也想回家乡，但谁知道，爱情的火苗就是这么突如其来，一下自己就把两个人的计划都打乱了。

最后，商量了一番，朋友毅然决定跟着A一起去大城市闯荡。知道女儿做出了这么大胆的决定，竟然要跟着认识不过两三个月的男友跑到人生地不熟的地方，T的父母当即打了无数电话，身边所有人也都表达不同意。

母亲不仅不同意她离家远走，也不同意她仓促之中找的对象。她歇斯底里地抗拒着：

“别怪妈妈不同意，他就是个家徒四壁的穷小子，是个凤凰男！你看看你小姨，就是前车之鉴，跟着他你要吃苦头的！”

电话里，T听着母亲从未有过的刻薄和失态，沉默着不肯说话。她不怪母亲势利的反对言论，因为小姨相似的遭遇是母亲心里的一根刺。T跟我说：“我小姨的前夫就是村里走出来的高才生，却是个负心的读书人。小姨跟他一起奋斗，吃尽了苦头，发达了以后他却翻脸不认人。现在，小姨过得很辛苦，妈妈怕我重蹈覆辙。”

当年海誓山盟说得有多么甜蜜，现在翻脸之后的态度就有多么冰冷。看错了人、付错了爱，就狼狈了一生。正因为有这样的前例，T的母亲才这么反常地强调门当户对吧！她不是不知道自己太偏颇，但只是想给女儿的未来扫除任何可能出现的危险。

但T依然没有听从母亲的话，反而态度坚定：“妈妈你放心，我不会糊涂。因为我不是小姨，我珍惜爱情，更珍惜我自己。我要的爱，是让我们两个都可以过得更好。”

T跟母亲说，去大城市工作不是盲目追求感情的一时冲动，而是深思熟虑后的结果。其实A先生也曾经跟T说过，只要她想回家乡，他也跟着去，让她的父母安心。但是T很冷静地分析：“既然你有更好的工作环境可以选择，为什么要迁就我去一个不那么理想的地方？在大城市，不仅你有更大的空间奋斗，我也可以找到更好的平台。所以，我要去追随你，而不是你追随我。”

她只是从一个简单的角度去考虑——去一个对两个人而言都更好的地方工作。所以，她才选了远方，而不是家乡。这不仅是追逐爱情，更是追求她事业上的更大可能。

听了她的分析，父母才明白，女儿远比自己想象的聪明得多。

T也比小姨会选人。A先生虽然身无长物，却是开明家庭长大的，又比没有经历过风浪的男人多了一份稳重内敛和成熟聪慧，很快就在大城市站稳了脚跟，而且一直跟T十分恩爱。两个人虽然同在外奋斗，艰难的时刻不少，但从未有过什么矛盾和大的摩擦。

当他们生气的时候，就会静下来思考，到底谁做得更对一些。T从来没有因为自己是女孩，就行使娇纵的权利，反而认真地向A先生学着那些自己不足的地方，而A也是如此。一次次的磨合中，他们彼此互相适应，T越来越像A先生，曾经容易发脾气、喜欢钻牛角尖而且会颓丧的她，变得越来越开朗、豁达；A先生也越来越像T，曾经过早丢失的天真有了人包容，渐渐回到了他的身上，他也学会了如何沟通，说出自己的想法。

我开玩笑地说："怪不得说'夫妻相，夫妻像'，你们俩是越来越像了。"

"那这种变化是好还是不好呢？"T笑着问我。

"当然好了，"我顿了顿，点了点头，"当然是两个人都变得更好了。"

他们像两个在爱情里相互学习的优秀生，在这一门课里得到了最好的成绩。他们彼此都在对方身上，学到自己缺乏的东西，就像两个残缺的圆，最终被彼此补全。也许这就是真正的爱情，可以教我们学会如何温暖地去爱人、如何汲取爱的温暖和安全感，又如何寻找一个最好的老师，让自己由内而外变得更好。

爱是一次重生，能彻底影响一个人。我曾经见过，在婚后突然变得脾气暴躁、粗俗不堪的女人，因为她被生活和婚姻折磨得发疯，最终露出了一副陌生的模样，从珍珠变成了鱼目；我也见过，在爱情中被滋养得温柔善良、和风细雨的人，哪怕曾经她还是个平凡普通的人，也可能因为好的爱情而变得更优雅从容。

好的爱情，让彼此都变得更好，让我们沉浸于一个温暖、快乐的氛围里。而以爱为名的伤害，只会让双方遍体鳞伤，却绝不是真正爱情的模样。

一个能拥有美好爱情的女人，可能因为有好运气，可以遇到对的那个他，但更大的可能是，她拥有一双慧眼，才会挑选真正理想的爱人、会经营真正的爱情。

后来，A先生跟我说，他在大城市里买了房子，终于给了T一个家。

我衷心地祝福他们，毕竟这一路走来，我看到他们多么努力，又多么相爱。而A先生难得羞涩地说："毕竟她这么好，还嫁给我，我不能让她越过越差，一定得越过越好才行。"

多么简单、朴实的道理啊！当你有了一个爱人，你就想给她更好的生活，让两个人都快乐。你会想变得更好，因为你的爱人是那么美好，不以更优秀的面貌出现在她身边，怎么配得上呢？当你真的爱她，一定舍不得她受伤，一定愿意掩藏起棱角锋芒，用温柔的眼波传递爱意。

所以，爱的本质是温柔，不是伤害与痛苦，不是沉沦与悲哀。真正的爱，可以让我们变得更好。

这让我忍不住想起《交响情人梦》中的野田妹。她是天才，拥有着无与伦比的钢琴才华，是被大师一眼相中的灵气四溢的女孩，哪怕邋遢的外表，也不能掩盖她的风华绝代。

这样一个女孩，梦想却是当一个幼稚园老师。她单纯地活在追梦的道路上，将名动世界的钢琴曲改编成属于孩子的“屁屁体操”，做着别人眼里浪费天赋的事情。

可是，她总要遇到自己的千秋王子。

“以前我想做幼稚园老师。现在，我想做千秋前辈的新娘。”为了追赶上天才前辈的步伐，她强迫着自己成长，成为更好的人。嬗变是痛苦的，野田妹在梦想与爱情中彷徨，永远赶在追逐的道路上，一不小心走错了，还会撞得头破血流。

有人说，千秋为什么不肯等等她呢？

因为在野田妹与千秋的世界里，爱不是妥协，不是等待，不是两个人互相放慢脚步，最终停滞不前。爱是前进，是冲破一切艰难险阻、打倒所有妖魔鬼怪，最终并肩前行。

既然你走得比我快，那我就尽可能地快一点，再快一点，这不就好了吗？虽然有点累，但是想到未来可以一起看到更多的风景，还是忍不住想要微笑啊！

追求平等的爱，不是宠爱

表姐又分手了，这让许多人感到疑惑，明明这个男人非常爱她。

不论是世俗派从金钱的角度思考，还是浪漫派从心意的角度考察，都得出这个男人爱她的结论。情人节精心准备28份礼物，每一份都亲手包装、写上示爱的卡片，发誓要跟表姐补过她过去28年人生里错过的每一个情人节，而每份礼物拆开之后都价值不菲，里外面子都到位。

“这得是怎样天赐的好男人啊！我们家那个大猪蹄子，情人节都不记得，加班改代码，回家就睡觉，你就偷着乐吧！”一个朋友在吃饭的时候，难掩艳羡地跟表姐说。

你看，不论是金钱还是心意，都足以让人羡慕得流泪，为什么到了谈婚论嫁的时候，这份感情就结束了呢？

表姐看起来有些冷静，甚至在某些人眼里都冷酷了起来：“快结婚了不是吗？他坚持要我辞职，以后结婚了他养我。”

“我养你啊”，这句话，不知道多少女人等了半辈子，都没从自家男人口中等到。所有人都觉得，表姐等到这句话应该是喜极而泣的，却没想到从她那里得到了一个坚定的“不”字。

“我不知道他为什么这么坚持，也许是觉得我太累了，也许是觉得我辞职后，可以把家庭打理得更好，也许压根儿就看不起我的工作。总之，他毫不在意我的拒绝，好几次都再提要我辞职的事情。”表姐惆怅地说。

中间有那么几次，男人一脸宠溺地对表姐说：“你说说，你现在工作挣的那几个钱，还不够我请人吃几顿饭的。别干了，老公又不是养不起你。”

他这副霸道总裁的模样，却没有赢得表姐的心，反而让表姐更加明确地感到了一种轻视和屈辱。她私下跟我说：“其实，他虽然喜欢我，但只是把我当成一个小女人，当成他的女友、未来孩子的母亲而已，有时候并不尊重我。至少，他几次都表达了对我能力的轻视。”

表姐工作的时候，他常常带着不屑的评价，这份工作可有可无，劝她辞职。

表姐说要考会计资格证的时候，他笑着说：“你这么笨，考不上可不要哭鼻子。”

表姐努力地做了什么，却不小心出了错，他会帮忙，却也会说：“我就知道你肯定做不好。”

表姐说，想在他的新工作上帮点忙，他下意识地挥挥手：“你？算了吧，别添乱了，回头挣钱给你买包。”……

表姐是他的爱人，理所应当享用他赚来的钱、买来的礼物，享受他的宠爱，而他也为此感到自豪。他觉得，一个男人养自己的女人，是理所应当。

但同样，他觉得他的女人就该依附自己而活，必然是笨拙的、天真的、做不好事情，也是理所应当的。

“大男子主义。”表姐一锤定音地评价，“平时还可以忍，没想到连我的工作也想插手，我不能接受。”

这样的男人，只适合想要接受宠爱的小女人，但不适合一个想靠自己双手打拼的独立女性。恰好，表姐的内心比谁都倔强，自然受不了这样的态度，最终分开也是必然的了。

有人说，表姐真傻，但我觉得是她们太傻。靠着年轻时的好颜色和浓情蜜意，这份宠爱能延续几时呢？当他把你圈养在家里，今天可以送你名贵的爱马仕，明天也可以将你逐出家门，而你毫无反抗的能力。

即便这份爱能延续一生，但被爱人如此贬低、不被承认，真的能让你感到快乐吗？一份不够平等的爱，本身就是畸形的，让我们不能站在同样的高度对话、呼吸，最终也只会变得扭曲。

表姐离开，是正确的选择。她应该找一个爱慕自己也尊重自己的人，会肯定她的工作和付出，会为她的每一次成功而感到骄傲，会对她说：“我觉得你特别厉害，特别棒！”

平等的爱，应该是互相欣赏、互相尊重的，绝不是来自高位者对低位者的宠爱。一个人有多爱你，不一定体现在他为你花多少心思上，但一定体现在他有多欣赏你上。一个被爱着的人绝对不是一无是处的，那个爱她的人，懂得她有哪里好。

所以，爱是互相倾慕，是互相尊重，是互相肯定。

年少的时候，我一直以为真正关于灰姑娘式爱情的童话故事，不是《灰姑娘》，而是《傲慢与偏见》。

灰姑娘再备受虐待，也依然是伯爵的女儿，依然拥有进入王子舞会的权力，而伊丽莎白与达西之间的故事，却跨越了悬殊的阶级，在财富、家庭、地位的天差地别下，依旧冲破重重阻碍，爱上了对方的灵魂。

他们彼此互相尊重，那些爱慕和深情，都建立在互相欣赏、互相钦佩上。他们在爱中学会了消弭傲慢和偏见，彼此学习，彼此成长。

一份好的爱情便是如此，是永远平等、温暖的。“以色事人者，色衰而爱弛”，古人尚且明白，一时的宠爱是镜花水月，只有靠着才华赢得对方的尊重，才是真正的长久。

如此，你又何必为了那些造作的宠爱而欢呼雀跃，却忽略真正的尊重和爱意呢?

曾经有个朋友，向我哭诉自己的后悔。她跟相恋已久的前男友J分手了，原因是对方不懂浪漫，让自己感受不到恋爱的感觉。当时她说：“别的女孩都有男朋友宠，只有他，就是个什么也不懂的直男癌！连节日都不知道过，礼物也不送。”

她很快投入新的恋爱中，因为新男友M十分殷勤热情。男生又懂得营造惊喜，又懂得送花送礼物，还时不时给朋友发红包、发甜言蜜语，把朋友的一颗少女心哄得怦怦直跳，高兴极了。我也以为，她总算求仁得仁。

没想到几个月后，她哭着跟我说，自己分手了，后悔了，想念前男友。

“别看M看着对我很宠，其实他特别独断！我染头发他要提意见，我出门见朋友他各种吃醋阻拦，开始我以为是玩笑，后来才发现，他就是喜欢控制我。”

这时候，朋友又想起了J的好。J虽然不懂得那些浪漫的手段，但是他总是很尊重朋友的想法，不管朋友做出什么决定，只要是言之有理，他就一定会不惜一切代价支持。

那一年冬天，朋友突发奇想要在圣诞节卖气球，还给自己做了计划，兴致勃勃地拿去给J看。要是别人，大概要说她异想天开了，但是J抿了抿嘴，笑着说：“你想试试就去，只要你有想法，我就支持你。”

J喜欢看她有奇思妙想，又愿意实践的样子，他欣赏朋友的大胆和聪明。

那个圣诞节，他们没有烛光晚餐也没有礼物，只用一大捧自己亲手做的气球换来了一沓钞票。拿着钱，两个人坐在街边的椅子上喝一杯咖啡，都快冻僵了，心情却很快乐。

其实，J也不缺钱，但他愿意尊重朋友的想法，也愿意帮助她。她想做的，他从来没有反对过，永远都是默默支持。

这份爱也许太温和、太平淡，所以在漫长的时光里让朋友习以为常，最终弄丢了。“如果你遇到一个愿意欣赏你、支持你、尊重你的爱人，就算他不那么浪漫，也是幸运的。”朋友说，“只希望，你不要像我一样，明白得这么晚。”

宠爱易得，知己难求。只有互相尊重的、平等的爱，才能让彼此成为知己，成为真正懂得你灵魂的爱人。一个精致的女人，不是被关在笼中的金丝鸟，而是翱翔在天地之中的雄鹰，不需要精心修饰的羽毛来彰显精致，她们的存在，本身就是大自然最美的一道风景。

精致的女人必然是拥有个人魅力的，她们独立、有才华，也一定有一个支持自己、尊重自己的爱人。缺乏了尊重的爱，再漂亮的美人也不过是附庸，但若是能站在平等的位置上，你做一株柏树，我便是一棵木棉，那两个人就足以相映成辉、相辅相成了。

倾尽所有，有时候会让自己卑微

爱一个人，是不由自主的付出，是想将全世界最好的都捧到他眼前，是将自己低到尘埃里，但依旧欢喜地开出花来。

所以，深爱过一个人的姑娘，往往对那些爱得倾尽所有、爱得狼狈不堪的故事感同身受。为什么有人会那么傻，会飞蛾扑火去爱一个不值得的人，信一场错漏百出的骗局，是因为在她们的心里，爱已经胜过一切，所以自己蒙住了眼睛，将一切都托付在了男人的良心上。一旦不幸运，一样会低微得面目全非。

民国的才女里，萧红的真、张爱玲的傲、林徽因的雅、冰心的暖，各有各的美。张爱玲的作品集，封面多取自她那张著名的照片：穿着旗袍，单手掐腰，眉眼锋利，嘴唇倔强地抿着，高高地抬着下巴，垂下的眼睛带着孤高自诩和傲气逼人。

你看着就觉得，这是个难搞的女人。事实上，张爱玲也有和脾气相匹配的才华，她18岁就发表了自己的作品，23岁以《倾城之恋》等多部小说轰动上海滩，成为当时最红的女作家。年少成名的天才，总有高傲的本钱。

她的眼睛里，能看上的人很少。张爱玲出身于没落的贵族世家，高贵的出身和败落的家境，这样复杂的环境养就了她的心比天高，让她既像个旁观者一样，漠然冷淡地猜度众生，又挑剔毒舌，刺得人心里发慌。

她喜欢穿自己设计的衣裳，因为看不上那些滥俗的风尚，哪怕是最窘迫的时候，她也会用稿费换一支口红，从不肯在外失了形象。

这样的女人，用轰动上海滩的声望给自己换来了一份痛苦的、灾难一样的爱情。她就在这场爱情里，放下了所有的傲气与自尊，真正如自己所说的一样，低到了尘埃里，开出带血的花来——可这付出一切之后的结局，依旧不是她期待的圆满。

爱一个人当然应该郑重，应该像他爱你一样爱他。但千万不要倾尽所有去爱，因为倾尽所有的时候，你就失去了保护自己的能力，一旦失去了爱情，就失去了一切。

这个世界对于女人的态度是很严苛的，可以说从未温柔过。正是因为如此，爱自己才显得那么重要。

如果你选择了在职场上拼杀，像一个男人一样与他们公平竞争，以求得一份平等对待的机会，那你就没时间做一个温柔的母亲和一个善解人意的妻子，至少大多数人都难以做到这一点。但当你选择了将精力倾斜到自己的家人身上，你就会发现你将在职场上成为一个不太受欢迎的人。毕竟同样的薪金，公司完全可以雇用一个将精力更多地放在工作上的男性，而不是你，一个母亲、一个妻子。

既然我们活得已经如此艰难，更要学会爱自己，而不是为了爱别人放弃一切。爱到卑微、爱到失去自我的人，不是一个真正懂得爱的姑娘。因为懂爱的人首先会爱自己，而这样无底线地付出，会让对方因为无法回应而产生压力，最终彼此都不会愉快。

会爱别人之前，先学会爱自己吧！你总是抱怨着现实残酷的时候，为什么不多给自己一点关心呢？

不要倾尽所有去爱，这样你才有余力保护自己。同时，付出太多就想要渴求更多，一旦得不到，便会生出怨愤。感情就像一座天平，只有始终平衡才能稳定，一方放上去的砝码多了，就希望另一方也付出一样多，一旦不能满足，长期的高低不平就显得格外刺眼。

你总会因为这样的不平衡而生出怨念的。人们总说“我爱你，与你无关”，但这世界上有几个人真的能经受这样的心灵拷问呢？大多数的单恋总是无疾而终，就是因为得不到回应而感到不平。若是你付出的多了，总希望对方一样如此付出的，这种期盼越是久了，就越不能坚持。

就如同张爱玲的爱，哪怕如此卑微、予取予求，不也一样有感到累了、走到极限进而放手的时候吗？不平的爱情，是走不远的。

就像小艾，辛苦追了男友一年多，谈了三个月便提出了分手。她刚告诉我这个消息时，我甚至以为她在开玩笑。

我以为，她的结果是有情人终成眷属，是九九八十一难后取得真经，却不知道原来开始就预兆着结束。

小艾叹了口气，说："追求太久得来的感情，真的很难维持，都是因为不甘心啊！"

追求男友的一年多里，一直是小艾比较主动，总是上杆子关怀男生，在他不开心的时候逗他笑、给他精心准备礼物、找各种理由约他出来玩。那时候，他是她的男神，她付出多少都没有想过要回报。

但一朝表白成功，他就是她的男友了。小艾也想拥有女友的待遇，开始希望男朋友给自己惊喜、关怀和照顾，希望自己的付出能得到回报。

她的角色变了，期待也就变高了。但她发现，自己付出再多，男友都不可能有相匹配的回应。这时候，失望也就格外重。

"我的付出，能多少得到一点回应也好啊！但他总是不冷不热，让我越来越觉得没意思。"小艾难受地踢了下桌子，想象着踢在前男友身上。

我能说什么呢？她曾经把自己摆得太卑微了，这样的不平衡男人已经习惯，但她内心却并不甘心。如此一来，不平等的爱情又怎么能走远？

卑微的一方永远更容易受伤，不论男女都是如此。有些人说，恋爱最好的方式是"若即若离"，明明在乎，却要装作不那么在意的样子。因为这样对方才会紧张，才会牵挂，才会把你放在心上。

你要是成了风雨无阻、永远守候在身后的角色，没多久你爱的人就要厌倦了、看低你了。反正，你总是不会离开的，就算欺负你一下也没关系，不是吗？

所以，别当那个卑微的爱人，别给自己溃不成军的机会。只有这样，你才能在爱情里游刃有余、优雅始终。

别在垃圾桶里找男朋友

这些姑娘大概是有渣男体质，别人一辈子都遇不到的那种极品渣男，她们就像集卡一样，把各种类型都遇了一个遍。有的习惯劈腿，一不小心就让她们“被小三”了，有的既妈宝又直男癌，找女朋友简直就是找保姆，还有的多少有些暴力倾向，相处不到三分钟，就想跟他说拜拜……

有些时候我在想，这样的姑娘是不是天生运气就不好，简直就是渣男收割机，总是接收别人不要的爱情垃圾？

后来我明白，若是一次两次遇到了渣男，只能怪我们一时眼瞎、不够幸运，如果总是在垃圾桶里找男朋友，一次又一次被欺骗和伤害，还真就是我们自己有了些问题。

我的朋友小柯一度就喜欢在垃圾桶里捡男朋友，遇到渣男比自己谈恋爱的次数还多。究其原因，是小柯找男朋友的渠道很有问题。

小柯相信一见钟情和感觉，所以她很少在工作、生活的环境里找男朋友。用她的话说就是：“如果有合适的，我刚认识的时候不就喜欢人家了吗？既然到现在还没找到，那肯定就是没感觉。”

她不相信日久生情，只要一个圈子里没有特别吸引自己的人，她就不会考虑从那里找男友。可我们的圈子总是有限的，如果日常生活中遇到的人都不可能成为自己的男友，能够依托的就只有网络和偶遇了。

小柯就沉浸在“网络找男友”这个渠道上。她宁愿相信自己在陌生的群里、论坛上认识的男人，宁愿靠着一两天的了解去选择“有感觉”的对象，也不愿意在生活中找一个熟悉的人当男友。

“没意思。”小柯总这么说，“他们平时都那么古板无趣，根本没有共同语言。”

所以跟小柯有共同语言的人往往都隔着网络，或者是酒吧里、旅游时认识的陌生人。她觉得这些人有趣极了，可我想说，那些人的有趣恰恰是特意展现的，也许日常生活里、工作中，他们也是一副古板的模样呢！

可小柯不觉得。她认识了不少这样的朋友，如果只是普通朋友也就罢了，但小柯偏偏总在这些人中找男友，这就导致她总因为了解不深入而做出错误的选择。

上一个男朋友就是因为彬彬有礼、说话幽默而被小柯青睐的。小柯说，他是主动追求自己的，还说对自己一见钟情，这不正是天生一对吗？

可我觉得这个男人有些轻浮，说这样的话，正说明他是抱着目的来跟小柯交往的。当然，不排除他真的一见钟情，但至少应该考察一段时间再决定。

但小柯立刻就答应了他的追求。没一周我就知道了，这个男人竟然还跟自己的前女友藕断丝连，甚至都没有正式提出分手。

也就是说，他在追求小柯的时候，还跟自己的前女友保持着交往关系。我惊讶地对小柯说："他这是出轨啊！脚踏两条船！"

小柯却红着脸，拍了拍我的手，反驳道："他们早就没感情了，是那个女的缠着他。"

我却觉得不好。哪怕是感情不在，彼此都抱着分手的想法，那也应该处理干净之后再开始下一段感情，这是身为一个人应该有的道德标准。可这个男人没有做到，这至少说明了，他是一个道德有缺的人。

我们不必用道德去要求一个陌生人，但想要找一个安稳可靠、三观相合的男友，至少他应该满足我们的道德要求。否则，这个男人今天是如何对不起别人的，明天就可能那样背叛我们。

果然，小柯的理解和支持固然让他们的感情走了一段时间，但没几个月男友就提出了分手。小柯痛哭流涕地拉着我们出去通宵喝酒，才醉眼蒙眬地说："我看到他的微博关注了一个女孩，他们前几天一起约会了。"

你看，同样的场景再一次发生了，只是这一次被抛弃的人成了小柯。我想，这个男人又是怎么跟自己的新欢描述小柯的呢？一定将所有的罪责都推到了她身上，为自己的出轨描述出了一个无可奈何的理由吧！

这样的男人是我最看不起的，因为他们没有担当，也没有承担自己选择结果的勇气，更没有一份对爱情的真心。他们从本性上就不是善的，所以只要靠近他们，就会受到伤害。

小柯哭诉着在这场恋情当中受到的伤害，说自己不曾想过男人竟然这么残忍无情。我虽然很同情她，但内心并不赞同这些话，如果小柯是个足够清醒的姑娘，早在跟这个男人在一起的时候就应该意识到了，他就是一个纯种渣男，不是吗？

昨天对于另一个人的伤害，早已证明他是一个怎样的人。可小柯还是选择了所谓的爱情，那今天受伤的结果，自己也要负些责任。

很多时候，我们之所以受伤，都源于自己不够谨慎。这样的姑娘，总是喜欢在垃圾桶里找男友，总是要受伤之后才发现他们的恶劣，这又能怪谁呢？

喜欢在垃圾桶里找男朋友的姑娘，大多数都有一颗乐于奉献的慈母心，哪怕对方有明显的缺点，但只要自己足够爱，就可以用母亲一样的包容来原谅他——又或者说是助长他们的气焰。这样的姑娘心特别软，谈恋爱就像做慈善一样，时刻想着拯救对方，总是时不时告诉自己“你可不能分手，你分手了他就完了”，怀抱着悲天悯人的态度去爱人。

或者这样的姑娘很缺爱，她们不清楚自己到底有多好，总是自卑地觉得没有人会爱自己。所以一有那么一两个愿意向自己示好的男人，她们就抓住了不愿松手，哪怕并不幸福，也不愿放弃这微弱的一点火光。

还有的姑娘有点傻，希冀着为了爱付出一切，向往童话一样的爱情，所以两句甜言蜜语就可以被打发，哪怕对方总是伤害自己，她们还沉浸在爱的连续剧里面不能自拔。

根本原因还是因为她们用了错误的爱情观去恋爱，选择了错误的人。这个世界上好男人那么多，她们偏偏总是昏了脑袋，被爱情所辜负，归根结底还是识人不清。

醒醒吧姑娘们，把一切都托付于感情，其实是最不靠谱的。与其相信一个男人在热恋时期的保证，不如相信他做人的原则。一个做事有原则的人，即便将来不爱了，也不会伤害你；如果他本来就是一个缺乏感情道德的人，就算再爱你也不能给你一个期待的未来。

因为荷尔蒙的作用总会淡去，漫长的人生里，我们总会遇到感情的冷冻期。此时靠谱的，只能是原则而不是感情。

你要找的男朋友，应该是足以拥有一张“好人卡”的。他得先是一个你欣赏的、认同的好人，接着才会是一个好男人，我们也就避免了验收“渣男”的危险。

Part

❺

精致的女人，活得都很努力

努力过，才会看起来毫不费力

每一个活得精致的女人，举重若轻、优雅从容的背后，都经历过千锤百炼。

没有人天生就能做到泰山崩于前而面不改色，一定是历经过许多波折、体会过不安与恐慌，才有了如今平静如水的心态。正如不会有天生的幸运儿、什么事情都能做好一样，任何一个看起来毫不费力的人，背后都经受过长时间的付出和努力。

做好任何事都不容易，所以每个成功的角色都应该被尊重。哪怕是一个看似平凡的家庭主妇，如果她能将家庭事务打理得井井有条，屋子始终不染灰尘、三餐总有精致的搭配、家人都能得到恰到好处的照顾，这背后要付出的努力也是其他人无法想象的。从没有毫不费力能做好的事，只是他们的努力，你未曾看到。

所以不论如何经营生活，我们都须得努力，才会有毫不费力的模样。

朋友H从中国传媒大学毕业后，在家乡的电视台成了一名主持人。

这样的结果，昔年的很多同学都无法想象。在他们记忆里，H是个平凡的姑娘，虽然个子高高的、长相清秀，但一张嘴就有浓郁的家乡口音，普通话都说不好。听说她大学考上了主持专业，就已经跌碎了无数人的眼镜。

但我知道，H不是“瞎猫碰上死耗子”，能够考上主持系，靠的是比别人更多的努力。

她的普通话不标准，就提前了一两年开始训练自己。那时候我也不怎么看好她，毕竟身边大多数人从小就练就了相当标准的普通话，即便如此一样没有资格参加主持艺考，可见普通话不过是个门槛，之后要学的还有很多。而这个门槛线，H都差得很远。

但是她并没放弃。只要是我在广播台看到她，她就在向老师请教、拷贝资料，平时她也总在纠正自己的发音。这样坚持了一年多，她说话变得缓慢起来——这是时刻纠正自己发音的代价，但也标准了很多。

别人都没注意过，H的转变意味着什么，在他们看来，不过是细微的变化罢了，但我意识到，这背后付出了巨大的努力。说话有时是下意识的行为，要将每个潜意识存在的“口音”都纠正掉，可不是一般二般的难。

H做到了。

所以几年后，她成为主持人，也就成了意料之中的结果。

H在电视台很受领导欢迎，刚入职就跟着前辈主持收视率比较高的民生类节目，之后又成了省里歌会节目的主要女主持。长辈告诉我，最近一个月几乎每天都能在电视上看到我这位老同学的面孔，她可是彻底地在家乡扬名了。

给我打电话的时候，H也很得意："你看，我这么快就站稳脚跟了。台里一些人传些风言风语，我一点都不生气，我啊看他们都快成兔子了，眼睛都嫉妒红了！"

台里的人说，H是家里有人，所以才这么受重用。

还有人绘声绘色地描述说，H几月几日上了哪一辆陌生的黑车，看着低调，却是政府高官专配的车，肯定是有了不可说的金主。

H在电话里笑疯了："那天我出去看电影，步行去的地铁站，不知道谁编得这么有意思！"

过了一会儿，她还是透露出一点不忿来："这些人，自己做不到就嫉妒别人。别人的成功都是轻轻松松的，就只有他们自己才努力！"

但其实，谁的成功是轻松的呢？那些表面的举重若轻，背后都是无数汗水在积累。

H之所以能得到领导的认可，是因为她从实习开始就小心谨慎、从不出错。新人出错是难免的，大多数人也不计较，但真要做到从不出错，就太难了。H就是不敢多走一步路、多说一句话，如同林黛玉进了大观园一般，处处看脸色、小心谨慎地工作，这才得到了前辈的青睐。

前辈对这个姑娘放心了，主动提出来要带她。要是换了个毛手毛脚、总是出岔子的姑娘，前辈也要担心毁了自己的节目。

H是靠自己的谨言慎行赢得了在节目里露脸的机会。之后，她主持歌会，连续一个月都是连轴转，夜里两三点钟开始背台本、写串词，中间还要预设各种可能出现的问题，一次次搞排演，白天的上午要彩排，下午便开始录制。等录制完，她还要在节目制作那里看回放、讨论第二天的工作，回到家的时候，已经是晚上十点多了。

这样日复一日地过着，高强度的工作让她在现场找机会就能睡着，茶水间、休息室、舞台边上……只要是稍微干净平整点的地方，H都躺过了。

就是这样辛苦，才换来了别人眼中“一步登天”的机会。他们却只看到了H的光鲜亮丽，而看不到她背后的付出。

而我是知道的，我知道每一个活得风生水起的姑娘，每一个把自己经营得精致优雅的女人，都付出了比他人更多的努力和代价。正因为如此，她们才炫耀得理直气壮、享受得顺理成章，毕竟，这些都是自己应得的。

人的一生，“努力”和“幸运”都占据着巨大的影响比例。但我始终相信，幸运是一时的，努力才是始终的。

一个人如果能拥有一时的光鲜，可能是因为幸运。但想要维持一辈子的体面，必然要付出足够的努力。

任何一种成功都不是毫无来由的，没有人可以平白无故就过上了童话里幸福的生活，拥有大团圆的结局。我们往往要尝过许多酸苦、受过许多磨难，才能实现一点点愿望，往往需要付出十分的努力，才能在表面上得到一分的回报。

要过上精致优雅的、从容自如的日子，不要空想，先去努力吧！

内心强大的女人最有魅力

开眼看世界的康有为，有一个足以令自己得意的女儿，名叫康同璧。说起内心强大的女人，我就想起了这位早已香消玉殒的民国名媛。

常有人说，这位女士代表着中国最后的贵族，又有人将这种观点嗤之以鼻。的确，旧的富贵人家败落了，又有新的富贵人家出现，今日王谢堂前的燕子，也许明日就是李氏、刘氏高门下的住客，名门世家只会更迭，不会断绝。

但我觉得，贵族绅士的气质是难以复制的，从某些方面讲，康同璧家族与现如今的富豪们，还是有本质的区别。她们诠释着贵族绅士和金钱之间的关系——身为贵族，要在上流社会驻足就一定要有钱，但她们又不在乎钱。

物质不是评价一个人是否贵族的标准，一个真正可以称作贵族的人，应该正直、坚强、不畏艰险，只有内心强大，才有贵族一样的灵魂。

从这一点看，也许康同璧就是最后的贵族了。

她的家族声名赫赫，从小就跟在父亲身边，让她接受了良好的教育，一直享受着极好的物质条件。康同璧吃西餐的时候，一定要遵循最正式、传统的西方礼仪，在桌子上摆着烛台，用高脚杯盛红酒，以镀银的刀叉切割餐品，在旁边铺上雪白的餐巾。西餐的盘碟摆放十分繁杂，每上一道菜的时候，眼前的盘碟都要换一遍，全都用上新的，以保证每道菜的味道不会混杂。这样一顿饭吃下来，至少要换200个盘子才行。

这是财富和底蕴交汇而成的不经意的炫耀，只有富贵又有年头的世家才懂得。但这并不意味着康同璧就一定要有这样的物质享受，相反，她内心的强大之处在于，即便从天堂沦落地狱，她都能迅速接受并且尽可能让自己过得好。

战乱时期，康同璧一家失去了自己的生活来源，家用十分紧张，还要养育几个孩子，生活变得困窘起来。这时候，她已经没资格挑剔什么了，就连早餐都只能吃馒头，情况好的时候就抹上点腐乳，这就是唯一的调味品。

但即便如此，康同璧也没有颓丧，不曾怨天尤人，还琢磨着在腐乳的味道上做做文章。她收拾出家里的好几个巧克力盒，用这些空盒子装腐乳，一次买几种味道的。这样每天早晨吃馒头的时候，就有几种不同的味道了，也是一种调剂和快乐。

买了腐乳，她还不吝惜面子，也没有不合时宜的清高，乐于让售货员多浇点汤——这样就能多吃一顿了。回去的时候，康同璧常告诉家人，一定要抬头挺胸，平端着盒子，因为这样才不会让汤洒出来呀！

一件窘迫又困苦的事情，也叫她过出了几分天真烂漫来。康同璧从未觉得这样的生活苦和累，累的时候她就想高兴的事情，觉得苦的时候，就读书、思考，生活也就和以前一样了。

要有何等强大的内心，才能一生波澜不惊？康同璧做到了。她有幸出生在这样一个家庭里，幸运的不是少年时享受到的丰富物质，而是得到了来自父亲的教诲与积累的见识。这让她内心无比强大，任何风暴都不能打垮。

内心不够强大的人就像翻车鱼一样，任何意外与风险都可能让他们崩溃。哪怕在旁人眼中他们活得很幸福，也始终有阴霾和忧虑。

而内心强大的女人，拥有这个世界上最宝贵的财富——淡然。富贵也好、贫穷也罢，幸福也好、悲哀也罢，任何一种境遇都不能将她们打垮，什么都不能阻碍她们认真生活的念头。所以，她们总能活成精致优雅的模样。

外表的精致需要强大的内心来支撑，否则，你随时随地都有失态的可能。

朋友的公司之前发生过一次有些难堪的意外。公司的销售部门举办了一次业绩大赛，以不同的组别为单位进行比赛，一个月之内，哪一组能够成为销售冠军，哪一组就能分得10万元大奖，其中3万元都归组长所有。

这可点燃了所有销售人员的热情。尤其是公司闻名的“美女销售”小U，一直以年轻、敢拼、业绩好闻名，加上长得漂亮，是不少人心中的女神。这一次她也非常期待，不过小U一直在公司有比较好的人缘，既会说话又会做人，就只是说：“不管是谁得了奖，都是一次很好的锻炼。不过为了不让我们组的成员失望，我可是不会留情的，大家多包涵啦！”

作为组长的小U放下话来，组员们也跟着有了希望。相比于那些整体实力不高的销售组，这些“冠军候选组”是受激励最大的，毕竟他们才是真正有机会赢取奖励的人。比如小U的组，几乎都将奖金看作自己的囊中之物了。

一个月过去，他们的销售额的确很高。不过其他人也不甘人后，有些组虽然没有销售明星，整体水平却比较一致，共同业绩也相当好。这样一来，小U自己的竞争力反而没那么明显了。

最后遗憾的是，冠军属于另一组。组长喜笑颜开地上台领了奖品和奖金，现场就给组员分起了钱，一时间场面变得有些混乱。其他人多少都有些嫉妒，但想到是自己技不如人，懊丧之余也没什么过分的表现。

小U则不同，她听到结果的时候，脸上灿烂的笑容就挂不住了，看着对方组长上台领奖，平时和那人关系不错的小U，竟然抿着嘴狠狠瞪了他一眼，接着就翻了个大白眼。

这番表现，可着实不像她一贯脸上带笑的模样，把人吓了一跳。一个组员看到了，赶紧拉了拉小U，想安慰安慰她。毕竟以后还有机会得奖，可得罪了同事就不好了。

当时小U正看着对方组分钱，脸色更加难看，一下子甩开了组员的手，大声指着他说：“就是你们这群傻瓜，拉了我的后腿！”

这下可惹了麻烦，周围的人脸色不好看了，而她尖厉的声音让许多人都不敢说话，场面安静得难堪。

朋友作为主持者和发起者，也为此头疼了好一段时间。他诧异地跟我说：“小U看着也不是没见识过大场面的，怎么会这么失态？现在好了，她算是混不下去了，整个组都离心了。”

这大概就是小U内心承受力不够强大的表现了。最开始期待很高，甚至将奖品当作自己的囊中之物，一旦期望落空，有力的竞争者总是会感到更大程度的失望。

若是内心强大，就能很快平复这样的失望，做出适当的应对来，不至于失态。但内心不强大、将外物看得太重的人，就很容易像小U一样，一时冲动口不择言，做出自己后悔的事情来。

就如同许多明星，在领奖台上的面孔总是格外好看。他们明知道自己被万众瞩目，也早就演练好了表情，但奖项尘埃落定时的惊喜或失落总是很难控制的。期待越高，就越容易表现得失常，此时就只能看内心是否强大了。

故而那些始终彬彬有礼、言行都有分寸的人，一定是内心强大的人。做一个有魅力的女人，首先要有一颗强大的内心，这样才能使你在任何场合下都保持优雅，始终以最美、最好的样子面向这个世界。

梦想太远，但目标不远

W是圈子里的一个“小传奇”，在事业上仿佛开了挂，拥有一段求仁得仁的佳话。

“有的人就是优秀得与众不同。”有朋友这样评价她的成功，“你看，十年前她说要跟电视上的大导演合作，谁信了？现在，人家还真就成了制作人，真就跟名导站在一起了。”

同样都是梦想，怎么W年纪轻轻就实现了，我们却没有呢？想来，还是我们的思维不同吧！

从没相信过能实现梦想，自然从不做任何努力，当然也就成不了事了。可W则不同，她从一开始就在照着梦前行。

如果说寻梦是一条漫长的路，有的人看了一眼就转身走开了，那她就在一边走着，一边给这条路划了不同的阶段、不同的目标。这样实现了一个目标，再向着下一个前行，梦也就不那么远了。

读书的时候，她就规划了自己的路，想往导演、影视方向发展。那时候她成绩优异，也做过市状元、上过报纸板块，却毅然决然选了个影视类院校，去了个在父母看来莫名其妙的编导专业。

父亲气急了，甚至口不择言地说：“你以为自己有几斤几两？长成那个样子，还想去当明星不成？”

这个传统的公务员家庭，不能容忍自己成绩优秀、前途远大的女儿不务正业。但W为了自己的梦想，毅然决然地收拾了行囊，去了异地求学。

为了去自己想去的业内大公司，和梦想中的名导、名演员合作，W一开始就有明确的目标和计划。她选择了Z公司，开始了一场长达六年的奔跑。

刚进专业，她就开始忙碌地学习、实习。因为她看过Z公司的招聘简历，想要留在那里，必须有丰富的相关经验，所以W在挑选实习的时候也格外精心，专门选择自己可能用得到的。

很多朋友都劝她，现在可以广撒网，将来再重点捞鱼。有些好机会明明也不错，做不了这行，放在其他行业也是难得的实习经历。但W从来不为所动，固执得让人想殴打她：“我就是想去这家公司，别家都不考虑。”

她在把自己培养成这家公司想要的模样。

大学毕业，看到Z公司招聘的要求提升了，W又担心自己没有竞争力，在香港读了个娱乐业宣传的相关专业硕士，我们笑称她要做“水军头子”了。W听到我们的调侃，也没有多说什么。别看她的学习工作总围绕着看娱乐新闻、分析市场风向，看似儿戏得很，但W很认真，连个娱乐消息都翻来覆去地品味，活像是在看传世名作。

我想，这姑娘大概是为了梦想魔怔了。但她又比谁都清醒，毕竟不是每个人都愿意为了梦想付出几年的时光，始终走在自己规划的目标上的。这样的日子，坚持久了就显得枯燥，久了就想自我怀疑与动摇，但W还是坚持地走下来了。

她完成了每个阶段的目标，最终成了毕业那年，Z公司录取的唯一一个人，不过这只是一个开始。那时候，她在实习期才只有2000元工资，偌大的北京都找不到一个合适的栖身之处，我们都为她叹息，原本她不必这么辛苦。

但她还是很坚持，因为此刻的付出，都是在向着梦想，她也只在乎这些。所以，和我们不同，她是在做自己喜欢的事情，喜欢的事情总是不会累的。

做喜欢的事，也更容易做好。几年之间，W一路升到拿年薪、开好车、领导一个团队，这中间经历了什么，我已经不太清楚了。那时候我们都太忙，都在为了自己的事业奋斗与奔波，联系也就不再那么紧密。但我知道的是，她每走一步都依然有着自己的目标，每一次完成了，便离梦想更近一步。

梦虽然很远，但有些人把它化成了一个个目标，梦想就有了通路。只是照着走却很难，我们总是坚持不到最后，故而每个能坚持的人，都是闪闪发光的。

我希望每个姑娘都是愿意坚持自己、坚持梦想的人。

生活本身就是一件充满困苦的事情，若是人连梦想都没了，就真的与咸鱼无异，一切能让你感兴趣的东西都失去了，你的人生就只剩下烦躁与辛苦。但有梦就不同，梦是调味品，梦是甜味剂，能做梦的人永远有一颗活力无穷的少女心，最辛苦的日子里，也是有希望的。

要是恰好你还能为了实现梦想做些什么，那就真的太棒了。你会发现，自己将生出无穷的力量来，枯燥乏味的事情也变得快乐。

以前，我喜欢在小区里的早点铺吃早饭。早点铺周围总是围着许多流动摊，很多人都喜欢在摊子上买个鸡蛋饼、煎饼果子、油条之类，再去早点铺要一碗馄饨，配着吃刚好。

我喜欢吃摊点上的煎饼果子，干净、实惠。做煎饼果子的大姐跟其他人不太一样，虽然一样早出晚归，辛苦得顾不上打理自己，但一定会穿着整洁的衣服，带着白套袖和白围裙。做煎饼果子的时候，她的所有器具都是干干净净的，改装过的三轮车也擦得锃亮，每个鸡蛋都码放得整整齐齐。

在这里吃煎饼果子，你想多加点什么，大姐都毫不吝惜。她总是热情地招呼过往的行人，有人愿意买，她就立刻绽放出自然的、殷切快乐但不过分的笑容。

她总是乐呵呵的，周围的阿姨、姐姐们也都喜欢她。她们跟她聊天，问她："你自己干这个，累不累？"

大姐从来不说累，有时候眼睛里会露出向往的光："我就想着，干两年盘个店，也开个早点铺子，就踏实了。"要是有人说"肯定行"，她就乐得合不拢嘴，硬要多放点料。

我看着的时候，都觉得自己也充满生气了。不论生活多么困苦，但你看，人们的梦想也不会破灭。大姐的梦想看起来很简单，盘一家小店，卖卖早点，你也许觉得并不算什么。但正是这个梦想支撑着她，早出晚归、风里来雨里去。

不辛苦吗？也是辛苦的。但辛苦的时候，就想着今天挣下的每一分钱，都是以后开店的本钱，日子就变得不那么哀愁了。

所以，同样的日子，大姐却过得喜气洋洋，永远充满希望。这样的女人是值得敬佩的，我在她身上，一样看到了有梦想支撑的从容和淡定。她走得辛苦，却不慢。

去年，大姐从街上消失了，再也吃不到她做的煎饼果子。我曾经一度很惆怅，后来从邻居那里得知，她在隔壁的小区租了铺子，做起了早点生意。

一个梦被实现，这就是最好的结果了吧！

选择你自己的人生

有很多女孩子习惯于考虑别人的想法，所以哪怕是面临自己的人生大事，她们也总是说“我爸说如何如何”“我男朋友建议我怎样怎样”……可是，真正的主角是如何想的呢？她们自己却是没有太多想法的。

别人替你决定的人生，也许你会很舒服，不必负责任，但也一定不自由！

我的朋友P就是一个非常独立的姑娘。因为独立到近乎叛逆，她吃过苦头，也做过别人眼里看起来不妥当、实际上的确不妥当的选择。但P是一个嘴硬的性子，吃过了亏也不后悔，反而大大咧咧地说：“我自己的选择，自己负责！”

我问她，真的不后悔吗？P笑了，告诉我：“摔一跤再痛也是我自己选的；别人给你选的路，可能一帆风顺，但你愿意吗？”

我想想，便也摇了摇头。别人选的路固然平坦，但永远不在我们的掌控之中，谁知道走到后面又会有什么风险呢？难道到时候再去怨怪别人吗？

归根究底，那些替我们选择的人不会替我们负责，他们选择的路，运气好便是千好万好的，我们也算是沾了光；可运气不好的话，他们也毫无压力，真正需要打落牙齿和血吞的，只有这条路自己的主人罢了。

P就不喜欢这种脚踏不到实地的感觉，所以她只走自己选择的路。她是个特别有自己主意的女生，用她妈妈的话说，就是“万事不用操心，操心也不会听你的”。大学的时候她就开始做兼职，短短一年多时间就能够做到养活自己，还给自己攒了一笔学费钱。这让亲戚朋友都十分惊讶，连夸P的父母有福气，生了个不用自己担心的闺女。

一路靠自己打拼到了现在，P在金钱上的确是始终没让父母操过心，但她的感情生活让父母挂怀很久。一直到今年以前，P都没有谈过超过半年的恋爱，父母眼看着她年纪不小了，心里别提多着急，一直催着P赶紧结婚。

每次听到这样的话，P就硬生生地堵回去：“我自己的事情我自己决定，你们要催你们去替我结。”

时间久了，父母也就不说了。他们终于认识到，自己的这个女儿不仅不让父母操心，也用不着父母操心——她啊，只听自己的话。

P之所以恋情总是不长久，就是因为她太独立了，有时候这种独立甚至显得有些强硬，让一些男生很不适应。相处一段时间之后，P就发现对方更喜欢小女人式的柔弱女子，凡事能依赖男朋友最好，但P自己又不是这样的性格，自然就相处不来了。

直到今年，她才找到了自己的灵魂伴侣。男友特别尊重P自己的想法，只要是跟P有关的事情，他永远强调“你自己怎么想”。一开始，P说自己想要去外地进修一段时间，还担心男友因为承受不了异地要反对，正琢磨着应该如何说服他。没想到听了P的想法之后，男友立刻举双手赞成：“只要是你想做的决定，我都支持你。”

“那你怎么看呢？你有什么意见？”

“我没有意见，这是你的事情，当然要你来考虑。”

男友这种无条件的尊重与支持，一下子感动了P。她偷偷告诉我，自己好像找到了理想的结婚对象。她想要的丈夫就是这样，既能够彼此尊重，又能彼此独立，不会过多干涉对方的选择。

她说，虽然有的人觉得她这样的性格太强硬了，觉得她缺少一些女人味，觉得她跟男友之间的关系太奇怪，但她不这样觉得。至少她现在很快乐，真正活成了自己想要的样子，而不是活成别人眼中羡慕的样子。

有太多人就是总考虑别人的看法，所以做出了自己不喜欢的选择。他们在别人的眼中活成幸福的模样，但生活中真正的酸甜苦辣，却只有自己知道。他们忘了，自己想要的和别人希冀的未必一样，去品尝别人替自己选择的果子，未必就是自己想要的口味。

自信一点，你自己的选择可能比别人所说的更好，为什么总要听他们的话？他们能替你结婚生孩子吗？能替你在走投无路的时候扛过难关吗？能一辈子为你负责给你扫平所有困难吗？

不能啊！既然这样，就让他们离你的决定远一些。

你不用听别人的想法，不用压抑自己的感受，你不用为了别人的意见而左右动摇，也不用做到非让别人满意为止。所有的“别人”都不是你需要考虑的重点，你只需要关注自己的想法。

如果你向往远方，就选择远方，不要因为别人阻拦而熄灭眼中跃跃欲试的光芒。如果你喜欢一个人，就大胆去爱，不要因为别人反对就痛失自己的心中所想。你所演绎的人生只有一次，当然要活成自己想要的样子。

对有些姑娘来说，提升能力并不是最重要的事情，你更应该锻炼一颗自主选择的心。先学会自己选择想要走的路，再提升自己的能力把这条路走得更好，其中的先后是不能颠倒的。

成为一个淑女，成为一个精致优雅的女人，并不意味着我们就要成为传统的贤妻良母，不意味着我们要成为别人的附庸。独立并不影响你成为一个淑女，为自己选择为自己抗争，并不影响你活得精致优雅。相反，能把日子过得精致，就意味着你有一定的选择能力，不然怎么经营出理想的生活呢？

不懂选择的人不会幸福的，她们甚至都不能掌控自己的人生。

小静就是这样一个不懂选择的女人。她是我邻居的女儿，今年刚跟丈夫生下了自己的第二个孩子。小静曾经偷偷告诉我，自己并不想生二胎，因为父母身体不太好，婆婆又不在本地，自己带一个孩子已经很辛苦了，再带一个孩子压力太大。

“要一个人带两个孩子，我肯定就不能再做全职工作了。

光靠他一个人的工资，怎么养活我们一家？可我又能再做些什么呢？难道真的像其他妈妈一样做代购、搞微商吗？”小静说。

难道身为一个母亲，就只能挑选这几种工作吗？可现实告诉我们，如果不能做好充分的准备，女人也很难兼顾事业和家庭。没有人天生就是好妈妈，做母亲也需要学习，需要花费大量的精力，这不是想当然的一件事。

看得出来，小静是不想生这个孩子的。可是能怎么办呢？丈夫因为喜欢孩子，一直在催着小静生二胎。他不必带孩子，自然不知道其中的辛苦，只要看到孩子叫爸爸，享受天伦之乐就够了。而双方的父母也都期盼着，小静的家庭能够再添一员，只要见面就催促小静。

每次听到这样的话，小静就非常茫然。一方面，她自己内心是抗拒的，不想成为一个全职妈妈，不想一直围着孩子和灶台转，但另一方面，她又觉得自己不生二胎是错误的，因为周围所有人都在劝她，不做这样的选择，就仿佛辜负了别人似的。

小静最终也没有学会听从自己的选择，而是将选择权交给了别人。她生了一个漂亮的女儿，这个小家庭终于儿女双全了，但所有人都在微笑的时候，只有小静哭了。

她说，别人一定觉得自己很幸福吧！可只有她自己知道，对未来的恐惧压得她喘不上气来，因为这条路不是她自己想要的，她一点都没有勇气走下去。

这样虚假的幸福，真的宁愿不要也罢。

去追求踮着脚才能够到的东西

艾琳跳槽了，原因竟然是因为一个包。

说实话，我并不相信这个朋友们信誓旦旦坚持的理由，因为艾琳并不是这样的姑娘。如果是个拜金的、虚荣的女孩，甚至可以为了一件衣服、一个包而出卖自己，但艾琳恰好是相反的性格。她很踏实，相比于吃穿这些附加享受，她更愿意关心更实际的东西，比如房子的首付。

所以，如果艾琳为了买一套房而跳槽，我倒是觉得更加顺理成章。

但没想到，艾琳自己却承认了："我就是因为想买一个包。你看，就是我手里拿的这个。"她给我看的包的确很漂亮，驴家今年的新款，别说是艾琳买了会心痛，我都会替她心痛。

"你是受了什么刺激吗？"我忍不住问道。

艾琳看了看杯子里的饮料，犹豫着点了点头，却说："我只是想用这个包来告诉自己，别太容易满足。"

艾琳在这家公司已经待了五年多了，这是她毕业时就进入的公司。在这个职场新人跳槽频繁的年代，能够"从一而终"

的人太少了。大多数年轻人选择的第一家公司，都是一个跳板，因为他们作为新人得不到什么好的待遇，所以才会在后期越跳槽工资越高。

艾琳也面临这个问题。她在这家公司得到的薪资远不如其他猎头开的价格，但是艾琳不愿意跳槽。她觉得安稳的生活很好，现在的收入她已经很满足了，这样的日子再持续一段时间，她就可以考虑买一套属于自己的小房子。

但这样的自我满足，总是特别容易被打破。最开始，是艾琳的同事提了一个奢侈品包包来公司，目测价格在两三万。艾琳和往常一样，只是看了一眼，并没多关注。

没想到几个同事凑在一起，开始互相"安利"。这个说自己老公送的新驴包多好看，那个说神仙水多好用，直把各种贵妇品牌都讲了个遍。之后，她们又开始教育艾琳："你也好好收拾一下自己，女人啊，就要对自己好一点。"

艾琳有点无奈。她知道，几个同事虽然都是行政岗，没有她赚得多，但是都嫁得挺好，手里的工资就全消费了。可她不一样，她是要养自己的。

这一刻，艾琳突然有些不平衡了。她告诉我："我突然质疑我自己，选择独立到底是对还是错。如果去年听爸爸的话去相亲，也许现在我也有个养我的人了，也一样可以买舍不得的化妆品、买不起的包包。"

艾琳以为自己不在乎，但是在回家的时候，隔着商场的透明玻璃，看着大到刺眼的品牌LOGO，她还是升起了一种冲动——她要买，就要买自己还买不起的东西。

她告诉自己，想要的东西，她也可以靠自己挣来，不用靠着别人，也不必羡慕别人。

“你看，刚买了这个包的时候，我特别心疼，可是等了几天发现，我的生活也没有什么变化，最多就是产生了要赚钱、要努力的紧迫感。这挺好啊！”艾琳笑了，“消费自己平时消费不起的东西，特爽。”

她发现，自己的路还有很长，这么早就想着躺在过去的努力上养老，实在是太见识短浅了。所以，她火速寻找了之前就考虑过的下家，赶紧从老东家那里辞职了。

辞职之后，艾琳的工资提升了至少一半，唯一的问题就是竞争压力大一些，环境要重新适应。但艾琳现在斗志满满，一点都没有担心。用她的话说就是：“我还得继续给自己买想买的东西、做想做的事情，当然要好好努力了！”

我懂了，这个包只是一个契机罢了，一个寄托着艾琳对更好的生活向往的契机。她也想过更好的日子，但在安稳面前，她选择了龟缩于安稳之中。这个包刺痛了她，告诉她自己还有那么多得不到的东西，所以才让她走了出来。

去够那些踮着脚才能够到的东西，就是在逼着自己始终向前走、向上爬。我们每次都要突破自己一点，就每次都要走出舒适区一点，时间久了，便发现自己早就走得很远了，能触碰到的世界也大了很多。

如果总是着眼于眼前，的确会很舒服，也不必逼迫自己。但我们就永远只能原地踏步，变不成更好的模样。

精致的女孩总是很聪明，她们懂得自我完善，所以永远会在有限的环境下用最高的标准要求自己。

不然，又如何成为能久经考验的、精致的样子呢？

懒惰的、颓废的、善于自我满足和自我欺骗的人，绝对无法经营精致的生活。我们总会遇到许多的诱惑，告诉你偷懒也没关系、偶尔放弃也没关系、邋遢一下也没关系，告诉你满足于现状就可以，不必自找辛苦。若是你没有自律又自强的个性，没有去追求更好生活的向往与野心，很容易就沉沦在生活温柔的陷阱里。

也许一时不努力，你会很舒服，但你终归不可能总是一帆风顺。一旦遇到坎坷时，就知道要多辛苦了。

追求踮着脚才能够到的东西，做逼自己一次才能完成的计划，你才会不断走出自己的舒适区，不断突破自己。不逼自己一次，你永远不知道自己的潜力有多大、自己能做到多么好。

同样，也不要对自己太苛求。你的目标应该在目之所及的地方，这样才有实现的动力。要是一开始就定得太高，不管怎么攀爬跳跃也触不到，失败也成了显而易见的事。时间久了，这种苛求和屡次难以达成的失望，会让自己再也提不起向上的劲头来。

所以，踮起脚能触到，刚刚好。

奔赴远方是一种勇气

既然选择了远方，就不要怕风雨兼程。

因为代价太大，所以我们更应该珍惜当下才是。

我认识一个从大山中走出来的后辈，她叫敏敏。敏敏的母亲年轻时曾有过学习的机会，但是因为家里太穷放弃了，所以敏敏妈妈一直很努力地种地、打工，就希望自己的女儿有机会出去看看，改变自己的人生。读大学的时候，敏敏妈妈不远千里将女儿送到东部的这个城市，忍受着别离的苦痛，就希望她能在这个选择之后改变自己的人生，走一条不一样的路。

在大城市的车站边，看着身边打扮入时的“体面人”，敏敏突然意识到这个选择对自己来说意味着什么。

“我突然理解了我妈的执着。如果当年她能读书的话，也许现在就过着像身边那个阿姨一样的生活，虽然也要为柴米油盐而焦虑忧愁，却不必这样拮据，连为女儿上学的钱都拿不出来。所以她咬牙也要把我送出去，哪怕亲手把我送到千里之外的地方，在我的视线里离开。”敏敏说。

她觉得，那一刻母亲坐车离开的时候，就像暗示着什么，好像代表着母亲从那一刻，渐渐离开了她的人生。

“以后，我再也不能像过去一样陪在他们身边了。我会在陌生的城市里生活、工作、结婚生子，有自己的家庭。条件好的话也许可以把他们接来，但是，再也不是他们身边的那个小女儿了。”

这对一个母亲来说，是多么难以放手的决定啊！但她还是怀着决绝的心情，送走了自己的女儿。这个选择也许很难，但对敏敏和她的家人而言，却是最应该去做的。

“我回去后，哭了很长时间。因为我突然意识到，如果我不做努力，未来可能就只有跟父母分离这一条路可走。”敏敏说。

她有了一个目标，要在学业完成后，尽快打拼出自己的事业，然后接父母来一起生活。她觉得外面的世界很好，但是不应该自己独享。

“怪不得大学的几年里，你一直都那么努力呢！”我说。

我就是那时候认识她的。她是同级生眼里的学霸，是学弟学妹心中的传说，是学长学姐口中推翻前浪的后浪。当然，一开始我并不知道这些，因为我们是因为共同做兼职而认识的。

“实在不能想象，你到底得把自己逼得多紧，才能保证学习、赚钱两不误。”我说。

她只是笑了笑，没有说话。

毕业时，她又一次见到了父母远去的背影。那时她已经找到了第一份工作，从家乡待了没几个月，就要赶往将要奋斗的城市。临行的时候，父母都来送她，这一次他们眼里的喜悦更重了。

没有了欠债的包袱，没有了当初敏敏考上大学时的且喜且忧，有的只是纯粹的快乐。那些当初劝着他们不要让孩子上学去的亲戚，现在又真心地羡慕着，羡慕他们能有这么出息的女儿。

没有当初的咬牙付出，怎么会有如今的收获呢？

容易获得的东西总是显得那么廉价，所以越是经历过抗争和为难，然后下狠心做出的决定，就越是令人珍惜、令人充满勇气和决断，这是每个人都会产生的感受。选择远方并不容易，意味着我们要付出很多东西，所以我们就更经不起失去，也经不起虚度人生。当你选择了远方，选择了离开，就一定要付出更多努力，这样才能让选择时的痛苦变得更轻一些，才能让自己的付出变得值得。

如果选择了远方，在选择时放弃了很多，却又沉湎于生活的享受当中，只想感受远方的自由和快乐，感受到那些能够获得的东西，却在困境和前行面前停驻，那我们的“远方”就变得毫无意义。它不能给你带来任何好处，反而让你的付出显得那么可笑，那么不值得。

而且，这会磨灭你的勇气，让你再也不敢走出去，做出类似的尝试。因为这一次的选择，你已经以逃避面对，更何况下一次呢？

茜茜是朋友的妹妹，三年前被父母送到了澳大利亚求学。第一次离开家，小姑娘就去了异国他乡，隔着半个地球独自生活，让父母总是放心不下。但也因此，朋友的家人提到茜茜时总是佩服、夸赞的样子，连年迈的爷爷都说，孙女实在是好样的，有一股闯劲！

可前阵子，朋友却因为茜茜的事情忙得焦头烂额。我问了才知道，小姑娘挂科不少，现在正面临可能退学的窘境。

“要是退学了，她爸妈一辈子的积蓄都白花了，三年的青春也都浪费了，这丫头，什么都不告诉我们！”朋友恨铁不成钢地说。

从没有出过国门的娇娇女，在澳大利亚的日子却过得不是很艰难。首先是父母关心疼爱，所以经济上从未委屈了她，让茜茜一直有钱可以挥霍，其次则是学校里中国的同学不少，茜茜很快交了几个中国朋友，从此天天混迹在一起。

这下，物质和精神就都得到了满足，茜茜甚至连用英语社交的需求都没有了。要是个有想法的姑娘，自然会想着锻炼自己的语言，但茜茜是内向又怕麻烦的，自己跟外国同学交流了几次，觉得磕磕绊绊、非常麻烦，就再也不愿意主动开口了。这样一来，三年里茜茜的口语竟然都没怎么进步，简直让人怀疑是不是真的出过国。

而学校对学生的管理并不严格，基本上靠学生自觉。反正学分修不够就毕不了业，累积到一定程度，就可能被学校退学。而茜茜平时靠惯了别人，一点都没意识到自己安排生活、安排学习的重要性，糊里糊涂地挂了不少课，开学才发现，再挂科就要退学回家了。

“这可怎么办呢？”我问。

“还能怎么办？先休学回家，待上一年再回去上课，不把之前的内容补上，今年肯定修不满学分、毕不了业了。”朋友无奈地说。

很多人都像茜茜一样，背井离乡选择到海外求学，归国之后甚至连英语都说不清楚，在这个过程中吃的苦、受的罪就成了一种笑话。家庭的巨额投资、父母忍受的别离之苦和思念，以及自己在国外孤立无援的几年当中忍受的苦难，不就是为了能够在这个新的环境当中学习到东西、成长为一个有用的人吗？可这一遭下来，却什么都没有学到，虚度了时光也浪费了金钱，还消耗了亲人的关爱，实在是得不偿失了。

所以，选择了远方，就一定要更加全力以赴。若是没做好辛苦的准备，就不要选择远方，但走出了这一步，就一定要走好、走稳。我相信，每个在远方里靠自己走出一条路的女人，都足够优雅动人，背后都有属于自己的精彩故事。

Part

❻

有魅力的女人谈吐从容

腹有诗书者，气自华

精致的女人都懂得读书的重要性。读书既可以培养内涵，又能够提升修养，能够改变你看世界的眼光和思想，也能改变你对生活的态度。

一个长相不美的人，如果喜欢读书的话，发自内里的气质和内涵，往往会让她显得十分高雅。张爱玲美吗？从长相来看她稍显刻薄，绝对不是传统意义上的美人。但她是昔年轰动上海滩的美女作家，靠的就是敏锐多思的文笔、令人赞叹的气质。

是诗书让我们脱离了廉价，变得温润如玉、历久弥珍起来。

我住的地方，一楼有一个小小的院子，住在那里的是一位已经离退休的老教师。老太太虽然满头银丝、白发苍苍，但出入时始终十分注意自己的形象，头发永远梳得一丝不苟，用几根细细的发卡束起来，身上的衣服也永远洗得干净、熨烫得毫无皱褶。

冬天的时候，她喜欢戴一顶毛呢帽子、穿一件厚厚的同色毛呢外套，配上一双皮靴子，显得格外精神。这样的搭配品位，就连一些年轻的姑娘也赶不上。所以我常说，我的楼下住着一位漂亮女士——她不仅年轻时一定是漂亮的，现在也显得优雅动人、风采依旧。

白天阳光好的时候，老太太喜欢打理自己的小院子。不能免俗的，她的院子里也种着大量的蔬菜，虽然精心搭配过，开花时姹紫嫣红也十分好看，但依旧掩盖不了这是个菜园子的本质。

虽然同样爱种菜，但一点也损害不了老人家的格调。因为更多的时候，她会在院子里读书，而有书香气的地方，永远是高雅的。

老太太成功诠释了什么叫“活到老，美到老”，这种美不仅仅源于外表的精致和用心，更体现在内涵和气质上。她不张嘴的时候，你都会觉得她年轻时一定是个美人，但听过她说话，你就知道自己错了——她现在也是个美人。

她的丈夫几年前就已经去世了，儿子旅居国外，只有她自己还守在这片故土上。街坊邻里都很照顾老太太，时不时就轮流上她家拜访，我也去过好几次。

有一次去的时候，恰逢老太太生日。还没进门，我就听到屋里传来了一阵隐约的声音，仿佛有人在朗诵。敲开门才知道，老人家正捧着诗集，对着丈夫的遗像朗诵叶芝的诗——《当你老了》。

这个年代还有什么人会如此钟爱诗词呢？繁华和浮躁带走了我们心中许多独自思考的时间，让我们失去了对诗歌美的体味。我已经不知道有多久没有翻开过诗集了，所以看到这一幕格外触动。

老太太特别不好意思地笑了，收起了手中的书，说："见笑了。以前我过生日，老头子总会给我念这首诗，我还觉得他一把年纪了也不害臊，现在倒是自己给自己念了。"

"是您两位感情好啊！"我真切地说。

"唉，'赌书消得泼茶香，当时只道是寻常'，年轻人，还是要珍惜感情啊！"老太太也劝我说。

听到李清照的这首词，我突然感同身受了。在生日时听丈夫朗诵诗歌，曾经是老人家习以为常的一件事，如今却已经成为可望而不可求的了，这不正是易安居士所说的"赌书泼茶"吗？诗词之美大抵是如此，哪怕隔着千年的界限，哪怕场景各有不同，但说出来了，便立刻能够深入人心。

更令我敬佩的是，这番话是从一位年过古稀的老人口中说出来的。她一生读书，便积累了一生的智慧，出口成章、口吐莲花不足以形容。与这样的人交谈，陋室一样能生香，这就是读书所造就的独有的气质了。

老太太不仅有文采，也有情怀和胸怀。听说她年轻的时候，曾经因为做过突出贡献而得到来自政府的嘉奖。听说要为她办表彰大会，她干脆地拒绝了，抬手便写下一行字：将军沙场为国死，何须马革裹尸还。

做便做了，是发自内心，是责任所在，用不着那些外物来为自己纪念和添彩，这样的巾帼胸怀，即便是男人也得甘拜下风。

想成为这样一个人，活一生便优雅一生，只有靠读书才能做到。一个人能展露自己的文采和素养，绝不是一朝一夕就能做到的，需要几十年时间的积累，才能找到一个合适的时机，流露出一丝半点。如果一个人不是真的满腹诗书，绝不可能在任何一个场合进退有度，说的话也不会时时都能打动人心。能做到这些的，一定都是有真才实学、足够优雅聪明的人。

读书对一个人的影响真的很大。就像央视主持人董卿说过的那样："假如我几天不读书，我会感觉像一个人几天都不洗澡那样难受。"只有腹有诗书的人，才懂得真正的气质，才能说出婉转动听的话语。

会说话的女人，一定是读过不少书的。不读书的人词句匮乏，就算想拍马屁，都找不到合适的词汇来形容；不读书的人也不懂得分寸，说话时总会暴露无知、惹人厌烦；不读书的人缺少格局，讲话的方式、思维的深度总能暴露自己的修养。

我也曾见过一个姑娘，长得极其漂亮，特别符合现在普遍的审美。她有一张天生的瓜子脸，这就已经赚了几分便宜了，更不要说还有一双顾盼神飞的大眼睛，配着精致的五官，就仿佛从仕女图上走下来的古典美人儿，又像粉丝众多的某些明星。

然而这是个只能静观、不能动起来的女孩。你看她的一举一动，听她的言谈，就会大倒胃口。这个姑娘美则美矣，却带着一股浅薄和粗俗，举止毫无气质不说，张口便带脏字，说的内容也永远脱离不了家长里短，一会儿羡慕哪个小姐妹攀上了大款，一会儿又气急败坏地骂着另一个和自己不睦的对象。

种种庸俗至极的言论，配上这张精致的脸，总显得那么不搭。原本满分的外貌，就因为听到了这样让人倒胃口的话，瞬间失去了吸引力。所以只要她一动起来，周围人总会用一股如梦初醒、难以言喻的眼神去看她，如果非要形容的话，就是本来以为是荷花池里傲然动人的荷花，正想着凑上去仔细观摩，却突然发现是搬来的塑料盆景，还散发着工业产品的劣质气味。

这就跟腹有诗书的女人不一样了。爱读书的女人如同冰川一样，表露在外的只不过是小小的一部分，而越了解你就会发现她值得爱的地方越多。她就像含苞枝头的梅花一样，绝不是百花当中最鲜艳、最富丽堂皇的，也不一定在第一时间就吸引了你的目光。但她香味十足，只要你稍稍驻足，就一定会留意到她的美。

不读书的女人，皮相再美也令人遗憾，就如同海棠无香，经不起长久的品味。要培养令人读不懂的气质和高级的优雅，就一定要有足够的阅历和智慧支撑，就一定要读书。

精致的女人生活中一定会花大量的时间去读书，因为她们需要解答自己的困惑，才能清醒始终，而这答案就在书里。在书中寻一颗玲珑剔透的丹心、一身坚韧不拔的傲骨和一种高贵清雅的气质，这就是一个人最好的模样了。

要仪态万方，也要吐字如兰

仪态万方的女人应该是极优雅的，举手投足之间都流露出独特的魅力。这样的女人也一定吐字如兰，开口说话的时候便仿佛有温煦的风拂过，令人内心欢畅。

故而，想成为一个精致优雅的女人，先要看看自己说什么、怎么说，这都是需要修炼的学问。看一个人讲话的态度，便能看出她受过的教育、走过的路，这都是金钱无法堆砌的、最珍贵的教养。

真正的贵族，不是因为有万贯家财而“贵”，恰恰是“贵”在这些细节上。

我们这一代人，常被父母羡慕“赶上了好时候”，总有些幸运儿搭上了经济腾飞的班车，靠着敢拼敢闯的父母，成了半路出家的“富二代”。乍富的阶层千姿百态，什么样的人都有，财富虽然给了他们消费和享受的权利，却不一定就真的让他们成了“上流阶层”。

仅仅我身边，就什么样的例子都有。

细想起来，朋友Q算是个低调的小富婆，父亲是在东北倒卖玉石发家的珠宝商，膝下只有两个女儿。Q的姐姐是标准的“土豪富二代”形象，穿着皮草开着豪车，每天晒晒表、晒晒包，谈论土耳其的天气和新西兰的牧场，一年有半年都在旅行，剩下半年，也许在美容院和商场，但一定没在工作。

有这样万贯家财，就算坐吃山空也足够挥霍一生了。腐败的生活，果然容易滋生懒惰。

Q却截然相反，她很少在意这些享受，更愿意花时间在自己的工作上。她不算聪明，甚至是笨拙、迟钝的，从学校到职场，她总要花别人两倍三倍的时间，才能将事情做好。她面临的是一般人不会面临的诱惑——前进是十倍百倍的艰难，后退却有锦衣玉食的享受，如果我是Q，绝不会自讨苦吃。

但她偏偏选择了一条难走的路。仅凭这一点，我就知道Q不一般。

这样的姑娘，是由内而外的聪慧稳重，听她讲话，你会恍然觉得她不是乍富的土豪，而是世家里走出来的淑女名媛。她说话总是慢声细语，从来都是温柔的模样，脸上永远带着微笑。在现在这个信息爆炸的年代，脏话和流行语之间的界限变得相当模糊，谁嘴里不说两句脏话呢？但她从来不说。

生气的时候，她也只会哼哼唧唧，小女孩的作态倒并不扭捏，反而觉得特别可爱。看她被人欺负时笨嘴拙舌的样子，你甚至都不好意思惹她着急了。

她长得并不美，却是很多男生眼中的女神。那时候有朋友觉得诧异，特意悄悄问了一圈，得到的结论却是统一的，他们觉得她“有气质”。

大概就是一种毫不作态的、天然的淑女和温婉之气吧！

她讲话声音虽然是小的、态度是温柔的，却绝不是一个任人欺负的软弱姑娘。她一个人在北京打拼，做自己曾经毫不熟悉的期货投资工作，每天跟动辄千万上亿的资金与大客户打交道。如果她是个软弱的、见不得大世面的姑娘，早就因为压力而崩溃了，可她做得很好。

可见，一个态度温柔的女人并不代表内心就不强大。而得体的、温柔的表达，让一个人的气质变得格外显眼起来。

除了Q这样的女孩之外，我也一样见过那些家财万贯、从小接受全方位教育，但依旧缺乏气质的姑娘。

比如朋友公司里，董事长的女儿W就是如此。朋友的公司在行业里也算呼风唤雨，董事长也是富豪榜上有名的人物，按理说他的女儿绝不是一般的“富婆”，应该是中国顶尖阶层的名媛才是。但W大概是年轻，还没学会父祖辈的沉稳，时常做出让人惊诧的事来。

她自小锦衣玉食，长得也挺漂亮，正是爱炫耀的年纪，就一门心思想做网红。普通人做网红，大概是为了生计，对W而言，做网红就是满足自己虚荣心的一种方式，既能打发时间又能享受追捧，何乐而不为呢？

混迹在网红的圈子里，她完全融入进去了。除了身上动辄几万的衣服佩饰，她与其他网红也没有什么差别，你从她的言行里，一点都看不出所谓上流阶层的气质和底蕴。

曾经我以为，这至少是个有教养的温柔姑娘，但没想到，她也是脏字随口而来，丝毫不怕影响形象的“True girl”。当她跟别的女生打架，争抢某个关系暧昧的男孩时，就毫不犹豫地在社交软件上写：“让那些讨厌的绿茶婊离××远点，不然我随时让你滚回老家去。”我甚至感到诧异，这些字眼真的是她写的吗？

你发现她们也跟任何普通姑娘一样。但这并不是一种好的“接地气”，只是变相告诉了我们，金钱买不来深度和教养，肤浅的人，还是肤浅。

如果她不张嘴，还能维持一副仙女的表象，可一张口说话，就姿态尽失了，连个普通的有教养的女孩都不如。

此时，我就发自内心觉出了Q的可贵。她能有今天，也不是靠家庭、靠金钱，这种气质更多是自己在过去的坚持和选择。哪怕你没有万贯家财，一样可以注意言行，活成真正的贵族淑女。

不是每个人都是Q的性格和样子，但我们可以从中得到些好的启发。

至少，要做吐字如兰的女人，你得先学会口吐善言，远离污言秽语。这年头，即便是过去听起来有些不堪入耳的谩骂词汇，现在也已经衍生出了新的含义，似乎可以登上大雅之堂了。

过去，我也觉得偶尔如此无伤大雅，然而伴随着年纪越大，我越发现其中的不妥。你可能能在新贵的口中听到“牛逼”这样的词语，却绝对不敢在豪门之家说出口，这就是贵族和暴发户的区别。

一个有气质的优雅女人，说出的话绝不会破坏自己的形象。

吐字如兰，也意味着应该找到最舒服的语调、音量，让说话变成一种美的享受。像我的朋友Q，就有一把温柔的好嗓子，说话时哪怕声音不高，周围人也都愿意倾听，因为她讲话总是不紧不慢、节奏舒服，让人不自觉就听进去不愿打断。

讲话的方式，真的有这样的影响力。在20世纪的影片《窈窕淑女》里，奥黛丽·赫本抛弃了自己一贯的优雅形象，扮演了一个街头贫穷的卖花女郎。卖花女不仅穷困潦倒，而且带着市井街头的粗俗与不讲究，讲话音调尖厉、速度极快，一张嘴就像要跟人吵架一样，动辄便要发脾气。

一个语言学家跟别人打赌，要证明语言的影响力，就特意选中了这个令人厌恶的卖花女。他对卖花女郎进行了一系列的训练，纠正她的发音，让她学会用缓慢、有节奏韵律的方式讲话，让她懂得放低自己的声音。最后，赫本扮演的卖花女神奇地拥有了高贵优雅的模样，甚至在皇室的舞会上，得到了来自所有人的赞赏与青睐。

这也许有些夸张，但就是语言的魅力所在。哪怕是这样极致的美貌，如果讲话不注意，一样会风采全失。若是懂得不缓不急地说话，知道如何恰到好处地表达，哪怕谈谈天气也像是在朗诵一首小诗。

这样的美人，的确是很难得的。

懂幽默的女人最聪明

有才的人千里挑一，有趣的人万中难寻。有一个幽默的人做伴，本身就是一种幸运。

我们身边总会遇到这样那样的出众人士，但并非每一个优秀的人都是有趣的，一个有趣的、幽默的、能给周围人带来快乐的灵魂，实在是太少了。

但是幽默，又是绝对不可或缺的调味剂，尤其是在交流与谈话中。与人交往中，得体且令人舒适愉悦的谈吐，更加能增强个人魅力，幽默就是其中不可或缺的一项。

在办公室里，小孙就是个非常幽默的姑娘，有这么一个说话风趣又得体的人在，大家都觉得很舒服，封闭的办公环境也不压抑了。有时候，小孙一出差半个月，几个前辈凑在一块儿还会想她：

“小孙不在，总觉得缺点什么，中午吃饭都不香了。”

别看这姑娘还年轻，已经成了办公室不可或缺的中流砥柱了——哪怕是精神上的支柱，也是一样的。

小孙的幽默是得体的，大多数时候她特意逗趣，都是为了缓解尴尬气氛。譬如前阵子，办公室一位男同事的女朋友小柳来探望他，两个人在食堂用餐，正好和我们坐在了一起。

小孙来得晚，并不知道小柳是谁，还以为是马上来报到的新同事。为了避免尴尬、说错话，她就悄悄地问我："我对面坐着的人是谁啊？"

我刚想告诉她，没想到小柳听到了，大声说："我是××的女朋友。"

这下就有点尴尬了，好像我跟小孙在私下嘀咕些什么似的。别人不知道，我却知道小柳的性格就是这样，她强势而且多疑，经常打听办公室里有没有年轻的女同事跟她男友走得近，还给一些女同事打过电话，威胁她们"离我对象远点"。

为此，她的男友多次给我们道歉、请客，大家也就学会了把小柳当空气，不跟她计较，但也绝不招惹。小孙刚来没多久，所以不知道这个情况，不过她听到小柳宣示主权一样的口气，觉出了一点尴尬，就怕对方误会点什么。

小孙微笑了一下，对男同事说："真的是你的女朋友啊？我白高兴了。"

"为什么啊？"男同事好奇地问。我一听，也被小孙勾起了好奇心，这话说不好可容易得罪对面这位"河东狮"呀！

"我还以为是新来的同事，长得这么漂亮，想着以后能天天见，特高兴。"小孙不好意思地说，"没想到竟然是你女朋友。你要是我，会不会失望啊？"

"你一个女孩子，还想看什么美女！"旁边的一个同事笑着打趣。

"女孩子怎么了？长得好看是全社会的财富，我养眼还不行？”小孙笑着说。

听到小孙夸自己漂亮，小柳一下子笑了，空气中的尴尬和紧张消弭无踪。我听了也觉得好笑，小孙搞了个“欲扬先抑”，把气氛活跃了起来。

后来我发现，小孙是办公室里唯一年轻漂亮，但没有被小柳敌视过的女生。有时候小柳带吃的来看望男友，还会专门招呼小孙。这在以前，可是从来没有过的。

幽默的姑娘就是这样，是没有攻击性的，让人不自觉就喜欢上了。她们并不靠高冷来伪装高雅，须知端起高高的姿态，只会让你与他人产生距离感，真正的美人应该是静如处子、动如脱兔、相处如春风拂面的，有亲切感的女人更有气质，活得也会更快乐。

而幽默就是塑造亲切感的重要方式。哪怕是可以靠美丽来吃饭的漂亮女人，如果既不幽默也不懂别人的幽默，一样会显得如同榆木一样无趣，只能成为社交圈里格格不入的花瓶，但如果你懂恰到好处的幽默，就会自然而然展现一种可亲的气质，让人很容易拉近与你的距离，哪怕长相平平，也一样有自己的风采。

这样合宜的幽默，需要花一点心思。

幽默的女孩最聪明，懂得放低身段，懂得以自嘲悦人，但也懂得把握其中的分寸。她们知道，幽默的玩笑是恰到好处的，不管是针对自己还是别人，都要掌控好一个“度”。

若是把控不好，就容易失了体面，变得尴尬起来。

玩笑总是开过头，是不恰当的幽默最典型的表现。过年时，我与母亲一起回家走亲访友，就遇到过这样玩笑开过了的情况。

大概都是经年的朋友和血缘近的亲戚，越是这时候，大家说话越是不注意，常常想什么说什么。几个姨妈看着孙子辈的小孩们跑来跑去，享受着天伦之乐，一高兴就开始打趣起我的远房表哥们。

“这些孩子，跟他们几个小时候一模一样，特别皮。”

“可不是，以前老大特别憨，他爷爷偷偷给他吃奶糖，他也不知道藏着掖着，拿到了就去弟弟面前显摆。”

“对，他弟弟立马就去爷爷那里哭，说爷爷偏心。老大也没眼色，下次吃了奶糖，还去显摆。”

“他儿子也随他，傻小子，真憨啊！”

…………

几个女人说着家长里短，带着浓浓的对儿孙的爱意。她们虽然笑话着孩子们的小心思，但口气完全是骄傲的，觉得儿孙的表现是“憨直”。可已经而立之年的这些男人，未必这么想啊！

我往旁边一看，两个表哥作为当事人，脸上挂着的笑容已经消失了，全是尴尬和不好意思，只好装作专心看电视的样子。一把年纪被妈妈和姨妈们翻了旧账，在一群小辈面前不大不小地失了面子，让他们计较也不好，不计较心里也不高兴。

小外甥还火上浇油，专门跑到自己爸爸面前夸张地挖苦他、翻他的黑历史，表哥一下子找到了出气筒，两下就把孩子打哭了。这下好了，气氛立刻变得混乱起来。

大概每次过节总要发生几次这样的事情，我们已经习以为常了。但我思来想去，还是觉得开玩笑要把握分寸，哪怕是对自己的亲人也是如此。

幽默不是乱开玩笑，如果过分打趣别人，很难维持高雅的气质，因为这样会显得十分不得体。玩笑要合宜，懂尺度、有分寸，给别人保留体面才是给自己保留体面，否则你的幽默不过是在消费他人罢了。

自嘲的幽默是最安全的，绝不会伤害到别人。但你要知道，适当的自嘲是风度和智慧，过度的自嘲却很容易弄巧成拙，让别人把你当成“丑角”。我们需要幽默，更需要别人的尊重，而不是每个人都能理解你幽默当中的自尊，所以自嘲需要把握好，才不会失去他人的尊重。

优雅的女人之所以自尊且能获得他人尊重，就是因为能把握好幽默的尺度，所以才恰到好处、风采翩然。

会把握说话的分寸感

想得知一个人是否会说话，只要看他懂不懂讲话的分寸就可以。

言行优雅又有气质的女人，讲话都是有分寸感的。分寸感，意味着她们知道在什么场合、面对什么人的时候该怎样说话。须知，有些话并不是任何时候都是可以说出口的，在不合时宜的时候讲不恰当的话，只会弄巧成拙。但在合适的时机，不必千言万语，只要四两拨千斤地说上一两句话，就能起到画龙点睛的作用。

不要以为语言没有这样的魅力。事实上，哪怕是同样的内容，以不同的方式说出口，得到的结果都会大不相同。开怀大笑与恼羞成怒，可能源于同一件事，区别只是传达者的讲话方式不一样。

读大学的时候，我的舍友就是一个典型的不太会讲话的姑娘。熟悉她的人自然知道，这个女孩善良又正直，自小在县城长大的她成长环境非常单纯，所以不像其他同龄人一样会看眼色。一门心思学习让她成绩优异，这也让身边的亲戚朋友对她多了几分宽容，提起舍友的时候，亲人们总用宠溺又无奈的语气说："读书的娃都单纯，但是聪明着哩！"

大概也正是因为大家的宽容，加上专心学习、不管世事，让舍友长到二十几岁还是一副天真率直的模样。对我们来说，这并不坏，因为所有人都愿意跟心思少、心眼儿直的人交往，他们也许不会说什么漂亮的话逗你开心，但一定不会在背后用流言蜚语来伤害你。

可对舍友来说，讲话直来直去、丝毫不懂拿捏其中的分寸，总会给自己招来一些麻烦。她最大的问题就是喜欢反驳别人，继而固执地坚持自己的想法。大概是骨子里还带着几分小孩子脾气，舍友总是学不会认可别人的观点，或者在言语中留下几分余地，而是每次都致力于"钻牛角尖"，不论别人想不想听，她总想着说服别人。

遇到脾气好、会让步的人也就罢了，虽然两人的交谈不一定能得出让舍友满意的结果，但也不会有什么摩擦。若是遇到个同样固执的人，最后多少都会辩出一些火药味儿来。

为了一件小事争执，在我看来是多不值得！只要舍友说话时懂分寸，其实是可以避免这些问题的。

但对她来说，这并不容易。除了不知道适当让步、不懂尊重别人的看法之外，舍友最大的问题就是分不清场合、对象地乱讲话，常常令场面变得十分尴尬。

我清楚地记得那年开学没多久，我们相约一起去听业内大牛做的报告。会场上坐满了慕名而来的学子，大家都想听这位顶尖的科学家讲一讲现在最前沿的课题，了解一下"山外有山，人外有人”的行业现状。

说实话，这场报告讲得深入浅出，虽然囿于见识，我们对里面的核心技术还是不太了解，但依旧有“听君一席话，胜读十年书”的恍然大悟之感。大牛讲的课题内容，恰好就与舍友感兴趣、想发展并且目前也在尝试研究的方向很近，所以她比我听得认真多了。

在报告结束的时候，舍友还一改平时的不好意思，主动向大牛提问。只不过她刚拿到话筒，说的第一句话就语惊四座：

“××老师，你怎么确定自己这种计算方法是正确的？有什么证据能证明吗？”

周围的学生一听就有了精神，听这口气，仿佛是来踢馆的呀！我也捏了一把汗，不过从探讨报告的角度上说，这话虽然有点犀利，但还并不过分。

台上的教授也并没有觉得不满，反而拿过话筒，谦逊地为舍友详细讲解了一番。没想到舍友听完之后点了点头，只回了三个字：“所以呢？”

这下就有些不妥了，连我听来都觉得尴尬，这种居高临下的态度，仿佛是个傲慢的前辈在为难年轻的学生。说实话，就连站在台上的大牛教授、世界知名的科学家，尚且用尊重的语气与我们交谈，她竟然这样说，实在是很没有礼貌了。

然而舍友只是过于沉浸学术，发自内心问出了自己的疑问，所以一时间并不知道自己为什么引起了周围的哗然。不过稍稍镇定一下，她就意识到了自己的问题，赶紧道歉：“老师，不好意思，我太关心这个报告内容了，可能没表达清楚，没有质疑您的意思。我自己也是专业做这个的，所以特别想了解。”

台上的教授听了之后，倒也表达了理解，并没多说什么。不过周围的学生流露出不满的表情，我知道他们正腹诽舍友的态度——明明也只是初学者，却说什么“专业的”，下面坐着的哪一位老师和前辈不比她专业？说这样的话，可算是班门弄斧了。

在习惯谦逊的学术界，谁不是抱着“学无止境”的态度在研究？哪怕是站在金字塔顶端的那些人，说起自己毕生所学，也一样不敢称“专业”，这几乎成了一种共识。在这种情况下，舍友对自己的高期待和高评价，立刻招来别人的反感。

她的不礼貌和不谦虚，并不缘于自己对演讲的教授不够尊重，只是平时随便惯了，所以说话没有分寸，不懂得根据对方的身份、讲话的场合来说出妥帖的话，自然也就不能恰到好处地将自己的想法传达给别人。

那次报告结束之后，舍友也发现自己好像惹了麻烦，成了系里一个远近闻名的“笑话”，消沉了好长时间。我发现她变得越来越谨慎了，在公共场合越来越少地开口。说实话，面对这样的结果，我不是不叹息的，却又莫名松了一口气——至少经过这次教训，舍友能学会谨言慎行也是好的。

若你发现自己讲话总是缺乏分寸感，那就不如少开口。惜字如金虽然会让我们失去一些谈话的主导权，但少开口就少出错，至少不会因为失言为自己带来麻烦。要知道，并不是说话越多的人就越能得到别人的重视和关注，如果你不会把握说话的分寸，就会成为搅乱气氛、结束话题的终结者，会成为尴尬氛围的制造机，很难找到真正的听众。把握不了说话的分寸，就很难把话说到位，哪怕滔滔不绝，只怕也比不上别人四两拨千斤的一两句话。

所以，与其一厢情愿地不停讲话，指望别人理解你、赞同你，倒不如花点时间学一学说话的技巧，把握一下言语中的分寸，你讲话的能力将会得到大大提升。千万不要忽视说话这件小事，这可不是上下两张嘴碰一碰就能够说好的，有分寸的人说话都是聪明的，他们知道根据对象、场合、时机和氛围来改变自己的讲话内容，这样才能恰到好处将话说在点子上。

经常跟老板出门谈项目的朋友林曾经对我说过：“察言观色，才是这个世界上最难的一门课。”为了把握好说话的分寸，交谈的时候她总是要察言观色，观察谈判对象的每一个表情，以推测他们的态度和想法，再决定有些话要不要说。

比如之前，老板动用关系邀请了一位非常重要的投资人，请他到公司来听他们的报告，希望能得到这位投资人的资金支持。按理说，这是一次千载难逢的机会，只要把握住时机就一定得赶紧进入正题，毕竟这次机会错过了，下一次还不知道要等到什么时候。但事实则是，老板和林从头到尾都没有提起注资的事情，只让投资人听了听报告、吃了一顿饭，就算是宾主尽欢了。

“你猜为什么？那天投资人来的时候表情就不大好，看着心事重重，老板当时就叮嘱我，注意分寸，尽量不要惹投资人不快。”林说，“听报告的时候，我发现投资人一直坐立不安，手指总是在敲打椅背，就明白了他一定有其他的事情，所以没有耐心。”

在这种情况下，不管说什么重要的事情，投资人都是听不进去的，甚至可能因为自己的焦虑和烦躁直接拒绝，所以自然不能谈重要的事。虽然机会非常难得，但与其说了之后迎来一个必然的不妙结果，倒不如在这一次给对方留个好印象，期待下次再有机会交流。

所以从头到尾，林都没有提任何关于注资的话题，老板也主动配合投资人，尽快结束了这一场拜访。临走的时候，投资人也心知肚明，反而感到非常歉疚，握着老板的手说了好几次“下次再来”。

“后来？后来他注资特别爽快。正是因为这一次，由于私事耽误了我们的谈判，所以投资人格外好说话。”林笑着说，“你看，同样一件事，什么时候提结果都是不一样的。”

我不得不感叹，把握说话分寸实在是一门需要钻研的学问。你不仅要掌控好自己的话，恰到好处地维持好一个热烈的谈话氛围，还应该学会察言观色，引导对方进入你们双方都感兴趣的话题。交流必须在两方之间开展，不是一个人的独角戏，当你说到对方不感兴趣或有些避讳的话题时，只要看到他们有抗拒的意思，就应该懂得避开或少言，能收能放，一样也是分寸感。

这里面要花费的心思不少，只有聪明的女人，才最懂得说话的分寸。

不要被情绪所左右

不被情绪所左右，是一种高情商的表现。

很多人并不懂这个道理。他们以为情商高的人一定是八面玲珑的、是精明透顶的，是心有七窍的人形狐狸精，转一转眼睛都有三十六计。

然而情商的含义并非如此简单，能保持平稳的情绪，不为外物所动，不被情绪左右行为，也同样是高情商的。

我相信你们都曾见过有些人情绪爆发的时刻，明明前一秒还在正常交流，下一秒却突然表情扭曲、声音撕心裂肺起来，言谈中的风度一瞬间全消失了，剩下的只有精神失常一般的情绪不定。这样的形象，谁也不想拥有。

我曾经的同事菲姐就有过这样一段时间，在交谈时极容易被压抑的情绪所左右，常常做出不合时宜的举动。那时的菲姐正面临家庭困境，儿子处于叛逆期难以管教，丈夫正是人到中年、春风得意的时期，要么忙事业顾不上家庭，要么在家中左挑右嫌，菲姐经常流露出不满：“如果不是为了孩子，早就跟他离婚了！”

但她从来不愿多提这些事情，每每别人问起，就说：“不提了不提了，影响工作，提无关的事情做什么？”

她从没有被这些焦头烂额的情绪所困扰，至少表现出来都是正常的样子。所以我一度非常佩服她，一个女人一定是很有情商的，能在任何低谷期，都保持从容的言谈举止，不被情绪左右。

可突然有一天，菲姐在会议室情绪崩溃了。那天要跟合作商谈判，如果能谈下来，购买设备就能便宜几十万，非常重要。但合作商态度非常强硬，言谈之间又透露出一些不信任，一直要求“让你们老板来谈”。看着他们软硬不吃的样子，会议室一时间火药味很浓。

不过大家都知道，生意是生意，就是欠债卷款跑路，债主都要留几分体面，很少有人会因为生意谈不拢就撕破脸皮的。所有人都以为这是一次普通的谈判，没想到菲姐却突然沉着脸站了起来，指着对方的鼻子骂了句，甩上门就走了。

这下可惹了大祸，不仅设备没谈拢，主管还低声下气地登门道歉，本来的优势荡然无存。问起菲姐当时的情况，她却只说：“最近心情不好，太压抑了，突然就忍不住了。”

我才突然意识到，她不是懂得在言谈之中控制情绪，而是将它们深深压抑了。

但压抑的负面情绪不会消亡，一旦突破临界点，便会突然爆发出来。那一刻，你会感觉被愤怒、悲伤蒙蔽了眼睛，控制不住地说出一些过分的话、做出激烈的举动。而在外人看来，导火线不过是无关紧要的小事罢了。

这样，不占理的就成了你，失态的是你，丢了体面的也是你。

若真要解决，简单的办法就是时刻疏导情绪，让那些压抑、愤怒、恐慌都被释放出来，这样心就永远是“空”的，不会说话都觉得喘不过气。疏导走负面的情绪，我们才能维持正常的言谈，不会在话语中带着火药味，不会莫名其妙地迁怒他人。

菲姐维持了很长一段时间的压抑状态，那段时间，就连她的顶头上司都绕路走，丝毫不敢触她的霉头。但这并不是一件好事，迁就只是因为无可奈何，实则所有人都不愿意跟菲姐打交道。他们私下偷偷说，这就是个“火药桶”，你也不知道哪句话就会引爆她，干脆躲远一点为妙。

等菲姐走出这段负面状态，她也发现，公司的岗位是融入不进去了，就此选择了辞职，重新开始。我想，这个选择未必不是一件好事。

哪有人天生就懂得如何周全地说话呢？就算是再面面俱到的人，也有被情绪所控导致失态的时候，也有讲话时情绪来得莫名其妙的时候。这些偶尔为之，都可以理解。

毕竟人非圣贤，不可能无过。

但我们想做个会说话的女人，懂得用语言来为自己赢得好感、赢得筹码，就必须减少情绪化的言谈。喜形于色的时候，不要让得意冲昏了脑袋，说出些不经大脑的、过于兴奋的话来；怒不可遏的时候，一样须得学会平静，不要让脾气发到无辜的人身上。也许那时候的你很难控制自己，但你可以选择闭嘴沉默，而不是在危险的时候多言多语。越是情绪上头，越要学会在安全的范围内独处，或跟关系紧密的亲友交流，而减少不必要的社交。

如果你习惯了将情绪转嫁给周围的人，又怎知人家是不是乐意当你的垃圾桶呢？既然不知，就谨慎为妙。

不要如同菲姐一样压抑自己的情绪，是控制情绪的基础。压抑的情绪总需要发泄，你终究还是会在言语和行为中将其暴露出来，日积月累，威力反而不亚于山洪。倒不如选择用适当的方式发泄，自己才能始终处于喜怒不惊、情绪稳定的状态。

诚实地交流，就是发泄情绪最好的办法。你的压力、痛苦、紧张和愤怒，不必一定隐瞒起来，反而可以适当表露。

我认识的杨经理就很懂如何交流负面信息。有时，她的工作会给自己带来巨大压力，甚至自嘲说“都快秃了”，可她从不将压力埋在心里。

她说：“我刚进这行的时候就知道压力大，那时我的经理每天都耷拉着一张脸，没事就给我们挑错，只要自己不高兴就动辄呵斥，根本没法正常交流。”

而她，不想成为自己曾经厌恶的样子。

杨经理选择了另一种方式，就是坦诚。有压力的时候，她会叫来自己的下属，坦然告诉他们：“最近这项工作特别重要，我们的时间有限，非常难达成。所以我特别焦虑，要是言语上有什么不当，大家多担待。我知道你们都特别努力，要不是有你们同心协力，我还不知道要多焦虑。”

她总是这么说，但从来没有将情绪发泄在言语上。而下属们知道了，自然会更加体谅她、理解她，甚至主动承担起自己的工作，希望能更快完成项目。而通过交流，杨经理将自己心里的担忧与焦虑表达了出来，有了倾听者和支持者，自然也没那么辛苦了。

以温和的态度去交流，其实是释放情绪最好的办法。我们最难做到的，就是以平静的态度诉说焦虑，以理性的状态分析愤怒，以温和的方式发泄悲哀。但你做到了，也就是理想中从容优雅的样子了。

能说不一定等于会说

一想起这种不分场合的侃侃而谈，我就是总绕不过曾经遇到的一个职场新人D小姐。D小姐是个活泼开朗的姑娘，在同龄人之间往往是谈话的领导者、人群目光的焦点，也就是现在我们常称的“C位”角色。她之所以被公关部所录用，也是因为展现出的这种健谈和领导者的特质得到了HR的青睐。

开始进入职场时，这种敢想敢说的性格给D小姐带来了很大帮助。因为大多数职场新人缺乏资历，又对工作认识不足，所以都是小心谨慎的模样，平时哪怕得到了鼓励也很少开口表达自己的意见。但是D小姐则不同，她特别有勇气，而且乐于表达自己，如果有了什么有创意的点子和想法，D小姐还会兴致勃勃地在会上提出来，供自己的上司和同事参考。这种活跃，让她一下子在新人中脱颖而出，给不少人留下了深刻的印象。

这么一个健谈又活泼的人，在公关部简直是如鱼得水。正因得到了周围人的鼓励，所以D小姐变得越发健谈、越来越敢说了。然而这种习惯了的侃侃而谈，并不适用于所有的环境，有时就给小姐带来了些麻烦。

她太喜欢讲话了，甚至喧宾夺主、抢了前辈乃至上司的风头。刚入职时，D小姐所在的团队为了公司的新品发布忙前忙后，联系了不同的渠道，就需要大量的人手与乙方合作者对接，商量宣传的事情。这种发展人脉、巩固关系的对接活动，一般都需要有职位、有资历的人物负责，对方公司也会更加放心，自然不能让D小姐这样的新人去了。所以，合作的时候一直是D小姐办公室的负责人牵头，D小姐只是“跟班”，也没人指望她能够发挥什么大作用。

没想到，D小姐比其他人想得更有能耐。在合作团队面前，D小姐很快靠自己的能言善辩抓住了话语权，跟对方热络地聊起来，甚至开始主动介绍双方的合作工作。对方负责人倒没想太多，看D小姐这么清楚，就自然而然地把她当成了主事人。

可身边的负责人知道，D小姐不过是跟着自己出来历练的，这下可就完全喧宾夺主，把真正的负责人撂在一边儿了。更让负责人感到不高兴的是，D小姐说的很多细节都是负责人之前交代给她的，目的是让她能听懂双方的谈话，不至于一点东西都学不到。

没想到这难得的一番好意，反而是搬起石头砸了自己的脚。D小姐倒是现学现卖，只顾自己说得高兴，完全忘了给负责人留下余地，让他无话可说了。

D小姐在那边侃侃而谈，还以为自己表现不错，在回去的路上得意得不行。负责人在旁半晌没有说话，最后，意味不明地来了一句：“学习能力挺快，我还真怕教会了徒弟饿死师父。”

“那哪能啊，您别开玩笑啦！”D小姐还以为是在调侃，殊不知从此以后，同事们再带她的时候都留有余地，再也不肯真心相告了。

这种情况多次发生之后，连经理也知道D小姐的这个毛病，私下提点了不少次。D小姐不明白为什么别人不喜欢跟自己合作，其实这道理不是明摆着吗？每个人都不愿意成为背后默默付出的角色，却让别人踏着自己在台前卖好。D小姐这样的脾气，不论任何场合，都想侃侃而谈，受不了别人的目光不放在自己身上，永远有强烈的倾诉欲和表达欲，无形之中也就打压了周围的人。谁愿意成为绿叶去捧她这朵鲜花呢？既然没这种念头，自然也就远远躲开了。

后来我听说，D小姐辗转从公关部的岗位调走了，不知道去了什么地方。我不禁感叹，并不是每一个开朗健谈的人都适合和别人打交道，若健谈到了一种极端，不分场合、不懂分寸地滔滔不绝，总会惹人厌烦的。

总是抢占人群中的话语权，其实并不会让别人更加重视你，若是你能力不足，这便是夸夸其谈、不懂察言观色了。在什么位置便做什么样的事，如果你的角色并不是人群瞩目的那一个，把握分寸是极为要紧的，在摆正位置之后再去考虑自己该如何讲话，才是最合理的应对办法。如果不分位置、不看场合，只想着满足自己的倾诉欲望，反而会得罪人，更令人觉得你性格聒噪。

在社交中依然能够保持精致优雅的女人，身上绝对不会贴着聒噪的标签。她们有的人健谈、有的人内敛，有的人性格温柔、讲话和风细雨，有的人爽朗大方、走到哪里都是瞩目的焦点……也许她们性格不同，所以说话的方式不一样，但都是有分寸的，都知道在适度的范围内控制自己。

侃侃而谈有时甚至比闭嘴沉默更不合时宜，你要是真懂说话的技巧，就一定会懂得克制。

不做那个在公共场合侃侃而谈的人，不想着靠外放的举止来吸引别人的目光，也一样可以牵动人心。譬如我曾在行业展会上遇到过一位女经理人，她穿着一身合体的西装套裙，头发优雅地绾着，脸上始终挂着温和的笑容，坐在自己公司的产品展台边上。她是这样低调又沉默，跟旁边热络聊着的一群公司负责人格外不同。

看着人群里滔滔不绝、引经据典介绍着自家产品的销售部经理，再看看这个坐在一旁打理着展品、不怎么说话的女经理，我甚至觉得她是在偷懒，完全是一副毫不积极、不乐于交谈的样子。

考虑到我们也算见过几面、有些熟悉，我就问道："你怎么不去跟那些经理聊聊呀？"

她笑了，说："没看见我们销售部的经理在那儿吗？什么岗位的人干什么事，我要是只顾着聊天，不光他要以为我去抢饭碗，这边的活儿也没人干了。"

她特别能够摆正自己的位置，知道自己什么时候该做什么，所以哪怕别人聊得热火朝天，也没有丝毫的焦虑与不安。这不，讨论到技术上的问题，就到了这位女经理的主场，几个感兴趣的厂商都围着她，没有一个人插嘴，静等着她为大家介绍。

此时听她开口讲，我就知道她对产品的了解比销售部经理不知道深到哪里去了。但她并没有因为占据这样的优势，就去抢夺销售部经理的风头，而是给足了对方尊重，所以他们才能合作无间。

从此我便知道，不是任何场合都需要一个能说的人。在能说之前，你得先有话可说，言之有物的谈话，才能引起别人的重视。就像这位女经理人，不开口则已，一开口便能够传达自己的专业性，合作者自然愿意聆听并且尊重。

有话可说，也不意味着你就要将所有的话都说尽了，只要是合作，总要给自己的合作者展示自己的机会，互相搭台阶，这样的聊天才能热闹起来。

最根本的是，只要你有能力、摆正自己的位置，哪怕你不主动凑上去，也会有人主动来和你聊天。若是自己能力不足、可有可无，多说一句都是多余的。

知道什么时候该说什么样的话，是对一个人涵养最深刻的映射。

Part

❼

长得漂亮不如活得有趣

只有无趣，才会无聊

好看的皮囊不如一个有趣的灵魂，用漂亮去换取活得有趣，并不亏。

ViVi一直都觉得自己是一条翻不了身的“咸鱼”，却还乐在其中。她过着“宅女”的日子，除非必要，从不出门；她没什么大的追求，每天两点一线下班回家，立刻飞奔上床开始玩手机；周末的时候，她宁愿在家里补觉一天，也不愿意出门和朋友聚会、去远处踏青；总是嚷嚷着自己胖了，却连健身房都懒得去……

她很幸运，有一份轻松的工作，年纪轻轻不必照管家庭，父母也都乐于宠着她。所以，她的生活越来越简单，只要完成了上班的工作，想做什么都行，想懒在床上做一条咸鱼，自然也是可以的。

时间久了，ViVi告诉我：“我发现自己真的越来越懒了，提不起精神做一切事情。”

她开始容易困倦，因为每天总没什么事做，所以一发呆就想睡觉。她失去了社交的欲望，明明微信提示叮咚不停，却不想加入朋友们的谈话。她总是不爱出门，比中世纪的吸血鬼还要怕阳光，喜欢独自待着一整天，却什么都不做。

这样的她，终于有一天发了一条朋友圈：“日子真的好无聊啊！”

我看到了，仿佛就看到了许久以前的自己。我也陷入过这样一段特别自由、特别轻松但特别无聊的日子。

别人羡慕我仿佛放了长假，我却知道自己因为没人约束又没有压力，一下子不知该做什么、该如何生活了，反而每天都觉得很无聊。那时候，是朋友突然点醒了我：“你最近看起来特别丧，特别无趣。”

“怎么无趣？”

“你以前不是喜欢画画吗？怎么一年了都不见你动笔？你不是爱看电影吗？走啊，去电影院打卡呀！再不济，你出门逛逛也行。谁叫你你也不出门，这日子有意思吗？”

我突然反应过来，自己这样“挺尸”一样的日子，到底是在放假，还是把自己关进了囚笼呢？是因为我自己过得太无趣了，失去了对生活乐趣的追求，所以才变得无聊的。

要是真的忙起来了，忙自己感兴趣的事，根本不会觉得无聊，更没时间觉得无聊。

所以我在ViVi的朋友圈下留言，说：“走吧，明天去逛街！”

好在，这姑娘对购物还有一丝兴趣，立刻回复了我。我想，总有机会让她重新快乐起来的。

这种方法，就是寻找生活的乐趣。

只要你能有一颗有趣的心，就不会容忍自己沦落到无聊的境地里。对有趣的人来说，失去乐趣是不可能的，他们只会担忧、焦虑自己的时间不够，不足以让自己实践那些千奇百怪的想法，不能让自己将所有的兴趣都培养起来。这样的人，每天都过得特别充实，但从来不觉得累。

他们从来不肯浪费空闲时间，因为这些时光都被利用起来放在感兴趣的事上了。出门，可以玩滑板、去野营、游泳健身，或者跟朋友上山下河、度假购物，怎么都可以打发时间；在家，可以画画、弹琴、做模型、烘焙蛋糕，怎样都是精彩的一天。

这样的日子，怎么会无聊呢？

正因为自己经历过那些无聊的日子，所以我特别羡慕“活着就是折腾”的那种人。

她们之所以花样百出地折腾自己的生活，是因为本来就是有趣的人啊！从不缺少活着的乐趣和兴味，所以才会不甘于平静，总想给自己“找事”。这样的人生，别的不说，一定是不会无聊的。

有趣的人绝不会把日子过得无聊，因为她们正忙着满足自己的乐趣，生怕时间不够用。而活得有趣，并不需要有财富、地位，只需要一点时间，让你可以放在自己感兴趣的事情上，就足够了。

舅妈虽然年纪一把，却是我相当佩服的、能把柴米油盐的日子都过出趣味的人。一个人如果家财万贯，每天需要困扰的只是明天去哪里旅行、去哪家高级餐厅品尝新品，那他能把日子过得有新意，并不稀奇，过得无聊才令人惊讶。但一个人能把烟火气十足的平凡生活演绎出趣味来，就足以证明她拥有有趣的、天真的灵魂。

所以才能始终柔软地对待生活，好奇地对待这个世界。

舅妈喜欢烹饪，每次去她家，她总是带着笑意邀请我们品尝她新研究的菜品。一日三餐都是她来做，舅舅从来不动手，要是放在我身上，只怕少不了抱怨和嫌弃，绝对每次吃饭都火药味十足。但舅妈不同，她觉得自己喜欢，所以格外精心，不仅主动料理、从不觉得吃亏，还特意花费时间精力。

她会在家里煎牛排，买半成品的牛排，用黄油擦一擦平底锅，将牛排和着黑椒汁煎得嫩嫩的。吃牛排还得配上意大利面，上面的番茄肉酱是舅妈亲手炒制的，吃起来跟餐厅没什么差异。

明明她一辈子也没去过几次西餐厅，就算舍得去了，也总是找那些便宜的自助吃，却丝毫不肯委屈自己。她还很讲仪式感，会笑着对表弟说："吃牛排得用刀叉，你怎么一点都不讲究？"

早就不知道出入过多少次西餐厅的表弟，笑着听妈妈一本正经的教训，丝毫没有反驳。

每次去舅妈家里，我总惊叹于她在有限的条件下也依然享受生活的那种能力。她活得总是特别有趣味，永远走在风口浪尖上，今天告诉你，她学了一段时间瑜伽，对身体多么好，明天就给你安利风靡广场的"鬼步舞"，跳得也是有模有样。怪不得她总是"中老年妇女之友"，跟这样有趣的人交往，每天都会很快乐。

所以我常感叹，论起认真对待生活来，我们这些年轻人甚至不如舅妈一样能“折腾”。其实，舅妈也不是那些很清闲、毫无忧虑的女人，她家庭普通，上有老、下有小，要照顾病重的老父亲，还得操心刚工作的儿子，自己也只是在幼儿园打工。可不靠丰富的物质，她一样能把日子过出花样来，这就是有趣的灵魂在起作用了。

我期望着每个姑娘老了的时候，都是这样的女人。这样足以证明她们在年轻的时候也懂得如何有趣地过活，所以才不会被岁月和烟火磨灭心中的天真，所以才能永远快乐，永远不觉无聊。

见过世界，才不会被人欺骗

以前人们喜欢对我说，女孩子不要去外面闯，外面的世界太危险。

现在我想对其他的女孩说，女孩一定要去外头见过世界，才能避开那些潜在的危险，把人生过得有趣。

今年夏天的时候，我又收到了来自远方的一封明信片。这一次，明信片来自另一片大陆的新西兰，印着蓝天白云的奶牛牧场倒是特别有新西兰风味，打眼一看还以为是蒙牛或者兰州拉面的宣传广告。我想，找这么一张有当地特色的明信片，一定把寄信人累坏了。

这个看起来品位有问题的姑娘是我从小的好友Z。她从数年前开始独自旅行起，每到一处，就会给我寄一封有当地特色的明信片。只不过Z的品位抵不上她的恶趣味，每每总是把最别出心裁、最让我拿不出手的明信片寄来，让我哭笑不得。

Z从大学时就开始独自旅行了。最先支持她的是她的父母，阿姨是个特别通情达理的女人，在Z能够保证自己安全的情况下，她便鼓励地说："你应该走出去看一看，不要故步自封，做井底之蛙。"

走出去，在外面的世界认识不同的人，去看那些不一样的，却同样美丽的风景，去经历只有在路上才能体会的喜怒哀乐，这样才能在回来的时候懂得过更好的人生。

Z的家庭并不是大富大贵，能给她提供的旅行经费也相当可怜。不过没关系，小姑娘省吃俭用，为了自己的爱好省下所有额外的支出。没钱的时候她就去短途旅行，在周边的城市、在郊区，甚至在某个当地的景点，用她的话说："旅行的意义不是走多远，而是去感受和平时不一样的环境。"

在这些不一样的环境里，她发现了不一样的人生可能。在当地的图书馆里，她认识了喜欢读书的小姑娘，两个人成了忘年的笔友，用纸笔这样原始的方式来进行着交流；在巴黎的街头，她认识了一无所有的流浪艺人，却靠着简单的技能，将生活过得十分快乐；在西藏的高山上，她认识了苦行的僧人，第一次意识到，原来信仰是这样重要……

见识过世界，回到自己成长的地方，她才发现自己曾经的生活过得多么乏善可陈。其实，她的一生可以拥有更多可能，有很多选择不是必需的，只是我们成长的环境束缚了思想，让我们以为是选无可选、避无可避。然而当你真正见过世界，就会发现自己比想象中更加自由。

她是一个有远见的女孩，早早就给自己规划了一条人生路。在旁人还不知道"AI"到底意味着什么的时候，她就选择了学习人工智能，刚一毕业就碰上了市场的大热门，从此前途无忧。有些人说她是运气好，瞎猫碰上死耗子，我却知道并非如此。

不过是因为她懂得更多，所以看得更远罢了。

这样的姑娘是不容易被骗的，不会因为别人的小恩小惠就感恩戴德，懂得分辨真正的好和善；这样的姑娘也不傻，不会钻牛角尖，固执地抱着别人都不理解的想法过一生；这样的姑娘敢于追求自己喜欢的，也知道自己真正喜欢些什么。

所以，我更觉得女孩应该开阔自己的视野，不要把自己圈在某个地方，不要因为留恋故土、害怕改变就不去尝试和闯荡。女孩子反而应该去见世界，应该勇敢一点，去过更丰富多彩的日子、有更五彩斑斓的经历。

只有年轻的时候见过世间繁华，成家立业的年纪才不会感到遗憾。只有先积累了足够的见识，才知道会过出什么样的日子。

哪怕强迫自己，也要多去尝试，让自己变成一个见识更多的人。只有这样，你才能丰富自己的内心，始终过得有趣味，不必因为岁月更迭而被时光抛在脑后，最终成为自己讨厌的庸俗的模样。

在朋友圈里，我曾见过有人发过这样的消息：

“真后悔自己这么早就结婚了，现在才过这样乏味的生活。”

这个姑娘我认识，是母亲家那边的一个亲戚。她在平静的郊县长大，从小生活环境就很单纯，人也不是叛逆的性格，所以重复着周围人的脚步、按部就班地生活着。

20岁的时候她就结婚了，新郎是她的高中同学。做新娘的时候，她就曾经小小抱怨过，自己还没享受过甜蜜的恋情，就要步入婚姻的坟墓了。她有时候会嫌弃自己的丈夫不够浪漫，没有给她足够的幸福和理想中的关怀，但又会故作成熟地叹口气：“谁不是这样过来的呢？结婚就是这样。”

可是我看有些人的婚姻就不是这样啊，如果她愿意去寻找，分明可以找到一个更爱的对象，也许婚姻生活就更幸福些。但我这样说的时候，母亲却摇了摇头，说“不现实”。她说：“她在老家能认识几个人？小伙子已经算是不错的了，结婚的时候还多给了彩礼钱，这在老家就已经够可以了。”

也许爱情对他们来说，并不是一个十分重要的东西，甚至抵不上在别人眼里值得羡慕的彩礼钱。她也从未觉得有什么不妥，因为周围人都是这样过的，所有人都没有反对，自己又有什么理由抱怨呢？

可外面的世界是那么丰富多彩，如果她走出去了就会发现，她可以认识更多的人，找到一个能承担自己任性的对象，过自己可以选择的日子。

但她没想过，所以也就找不到想象之外的世界了。后来她听着家人的催促，很快生了两个孩子，当上了年轻的母亲，这下就更没机会出去了。

也许是看着同龄人还很自由，不由得产生了向往和嫉妒吧！所以那天她才会在朋友圈发这样一条消息。然而我想说，这样的日子没有任何人逼迫，终究还是她自己选的。哪怕是看似平凡的婚姻生活，也有人可以经营得风生水起、趣味无穷，所以要怪的不是自己的角色，不是过早迈入了婚姻殿堂，而是在该见世界的时候，没有多去走走。

出去见见外面的世界吧，你才不会在以后感到后悔。这不仅仅是为了遇到你心中更好的那个人，更是为了能在将来打理好自己的人生，不至于连日子都过得贫乏无趣了。

时间会剥夺我们的精力、带走我们的青春，却不会偷走我们的见识。去外面的世界走过，你才会拥有一个更广阔的空间安放自己，才能更好地爱自己、爱别人。这样在将来白发苍苍之时，回首往事，你便可以说自己的一生没有遗憾了。

明白自己想要什么

我要讲一个有点复杂的故事，说一个洒脱的姑娘。

起因是朋友突然找到我，带着奇异的态度聊起了她男友的前女友G。以前说起G的时候，朋友总是带着一股酸味，因为G长相漂亮，学历也不差，朋友总觉得自己站在“现女友”的位置上，平白矮了一头似的。

没办法，每个女人都不能容忍自己比前女友差，这大概是无关男友、无关感情的一场较量。

但这次，朋友对G却是羡慕、敬佩的。她说：“你知道吗？G现在去美国读建筑设计的研究生了。”

我很惊讶，还以为自己听错了，因为G以前读天体物理，在我眼里，就是研究几万光年外哪颗星星爆炸了的专业。

“这……完全不沾边的专业，她怎么会这么选？再说，她不是去天文台工作了吗？”我好奇地问。

天文台的工作并不好找，既要学历足够，还要恰好有岗位，有时候还需要一点“人和”来凑，毕竟这样的工作也算稳定的铁饭碗，还能继续做研究，不知道是多少女生梦寐以求的。可是G说抛弃就抛弃了，一言不合就跑到了美国。

朋友告诉我，G原来一直喜欢画画，没事就爱画画建筑、画画植物。但是她从没想过真的成为一名建筑师，因为觉得离自己太远了。

可读完书，她逐渐发现天文台的工作不是自己想要的。虽然她只需要每天花8个小时在上面，就可以享受自由时间了，但连这8个小时她都觉得是一种煎熬。她越来越清晰地发现，自己不想做这样工作，让自己每天三分之一的时间都处在抗拒中。

她突然迷茫了，开始思考一个很多人都没关注过的问题：我到底想要什么？我现在选的，真的是自己想要的吗？

我们太多人如同G一样，从来都是别人替自己选择。甚至我们自以为的“自我选择”，也不过是顺应了社会对我们的期待和规划。所以，按部就班地读了书、去了合适的岗位，却根本不知道自己到底喜欢什么。

G花了很长时间去思考，大概发现自己还是喜欢画画，最终找到了真正想要的东西——不管以后会不会后悔，当下她更愿意成为一名建筑师。

所以她不顾自己专业不符、年纪不小的现状，还是毅然考了试，去了美国。我和朋友知道了，难免是羡慕的，羡慕她有说走就走的底气。但同样，并不妒忌。

她做这样的决定，固然是自己有任性的资本，但更多的是自己找到了人生的方向。我怎么会妒忌呢？就连朋友，这一次也忍不住拍手叫好了。

因为她明白了自己想要什么。而很多人，要么没有明白自己想走怎样的路，要么就是明白了，却没有勇气走。

这样的人，大概就如同以前的G一样，只能日复一日花费时间、精力，不断重复别人眼中的幸福日子，而自己却根本不喜欢吧！这样的工作，真的会给你带来趣味吗？你真的觉得自己的时间没有白费吗？还是说，你到现在还不知道自己想要什么呢？

当你明白自己想要什么的时候，才是真正开始活着。我们常常喜欢听旁人的劝诫，我相信成功者的建议更会让你视若名言。乔布斯就曾在斯坦福说过这样一句话："你的世界非常有限，所以不要重复走别人的路。"他鼓励人们去走自己的路，走一条新的路。

也许我们没有乔布斯的平台和机会，没有他那样的底气和才华，创造一条自己的路来走，那我们至少可以选择。我们可以选择走怎样的路，而不是浑浑噩噩地随便挑一条路，就这样耗费自己的一生。

显而易见，后者未必痛苦，但也是不会让我们感到格外快乐的。

G的故事，我告诉过很多人，有人跟我说："她还是太傻了。如果她早点明白，大学的时候就可以转行，现在早圆梦了。"

是啊，她明白的还是有点晚了，所以不论从哪个角度讲，她过去的几年都走了一条弯路，浪费了些许时光。

但她也明白得不晚，至少她还有选择的机会，而我们当中的许多人，早就走不了回头路，再也选不了了。还有的人，到如今都没明白自己想要什么。

这种不明白、不清醒，不仅体现在事业上，还体现在家庭、感情上。只要是你能选择的路，就都应该明白要怎么走。

跟在警局工作的朋友吃饭的时候，听他讲过不少家长里短、有些特别的故事。他说，上次他接到一个小姑娘报警，说自己的男友家暴她。

“这样的报警，我们最为难。你不管肯定不行，但真的管了，报警人说不定还要埋怨你对她丈夫太粗暴。”朋友说，“打成那样了，人家还觉得是一家人呢！”

好在这个姑娘非常清醒，又有决断力。在警察局，她哭得难以自已，但还是信誓旦旦跟女警说：“我要分手，我不能把自己的一辈子毁在他身上。”

可没几个小时，女孩的母亲到了。周围人还以为她是第一个支持、理解女儿的人，以为她是最心疼自家姑娘的人。没想到，这位母亲心疼倒是发自内心，可一听到女儿说马上就要分手，却第一个提出来反对，她支支吾吾半天不知道如何说，却一直坚定地说：“不行。不就是有摩擦吗？回去好好教育他，分手绝对不行。”

还是女孩自己吐露了真相——她怀孕了。不过女孩说：“既然我们要分手，既然不相爱，孩子也没有必要来受苦了。”

她的母亲却歇斯底里起来：“你有了孩子，不结婚还能怎样？以后谁还要你啊！我跟你爸吵了这么些年，也没什么感情，不也没离婚吗？要是我这么任性，还能有你吗？”

“你们是你们，我是我！”

“有什么差别！爱情就是糊弄你们小孩的，人这一辈子，本来就是糊涂着过！”母亲斩钉截铁地下了定论，拉着女孩就走出了警察局。

朋友最后感叹说：“一个糊涂妈，过了半辈子了，还没有自己闺女清醒。”

是啊，这样的母亲，又有什么资格教育自己的女儿呢？她连自己的人生，都没过清醒啊！人生并非要蒙昧糊涂，只是她不想清醒、从没清醒，所以半生都没有过明白。如今，她还想用这样的态度指导女儿，这才是不幸之处。

又或者，她已经心知肚明自己的糊涂，却不想承认，不想否定自己的半辈子，所以假装不清醒罢了。这种认命，恰恰是不幸的根源。

生活越是波折不断，我们越应该懂得自己想要什么，才能避免走错路而付出巨大的代价。越是在错路上走得远了，越是要及时止损，任何时候都不晚。因为你已经耗费了精力在错误的人、错误的事身上，更要珍惜自己剩下的时光。

明白，是从来不晚的。越早清醒过来，才越早懂得自己。

勇敢去面对真实的自己

虽然我自己的恋爱经验不多，却见证了不少朋友的恋爱史。她们中的有些人，恋爱前后完全是两副不同的面孔。

比如C小姐，我常告诉她："如果有一天，你敢在男友面前露出自己真正的样子，我才相信你俩能长久。"

C小姐是个特别讲究恋爱仪式感的人，谈恋爱这件生活化的事情，硬是让她搞得十分神圣。她信奉不知道从哪儿传来的东洋恋爱经，要自己出现在男友面前的时候，时刻是最完美的模样，绝不能让爱情的保鲜期缩短。

所以，C小姐的恋爱和约会，每一次都是全副武装，如临战场。

平时她总是随性的，甚至显得有点邋遢。哪怕是跟朋友们出来玩，也是拖鞋配短裤，眼镜一架、头发一扎，就这样出门了。这样一个人，连给自己搭配件漂亮衣服都不肯，懒到毫不在乎形象，却从不肯让男友看到这样的自己。

约会的时候，她总是精挑细选自己的搭配，再配上精致的妆容，每一次展现的都是最佳风貌。我常常取笑她，那些漂亮的衣服、精致的首饰，完全是男友独享的。只有人家是付费玩家，有资格看到这些特殊搭配，我们这种普通玩家，是根本见不到的。

朋友仿佛和男友生活在不同的次元，见到的C小姐是完全不同的。她的男友形容她，永远是温柔、精致、内向、洁癖，而我们眼中，她其实是个审美奇特、性格猥琐、经常放飞自我的姑娘。

“这一点都不淑女，怎么能让我男朋友看到呢？”这是C小姐的口头禅。

她总觉得自己的男友接受不了自己真实的样貌。因为一开始她就是精心装扮过的样子，就是内向温柔的性格，所以她总觉得，男友喜欢的就是这种模样。一旦变了，谁知道他会不会接受呢?

为了爱，C小姐只好继续伪装下去。可这样精心伪装的爱情，却维持不了多久，最常见的理由就是，男生们累了。

“你太完美了，我总觉得我们有距离，这样的恋爱太累了。”这样的“女神卡”，C小姐收到了一大堆。一开始她以为是借口，后来才发现，也许自卑的不只是自己。

正因为她总是小心翼翼维持着假象，总用最精致的面貌、最完美的谈吐来对待自己的爱人，所以对方才会觉得她高不可攀。他们也只好陪着她一起出演，以免自己暴露了烟火气的一面惹来嫌弃。

以虚假来对待的爱情，最终也只能得到虚假。两个人都不相信对方会爱自己真实的样子，又怎么能长久呢?

所以我才说，C小姐要想长长久久，就一定要找到一个能以真实的自己面对的对象。不必担心，真实的你远比伪装出来的样子更加可爱，要有这样的勇气去面对自己，面对那些让自己不满意的小缺点。

爱你的人，总会爱你真实的样子，爱你的优点，也爱你那些不太遗憾的缺陷。如果连这都不能满足，那他爱的就不是你，又何必强求跟他在一起呢？

后来，C小姐总算听了劝，决定在自己的新男友面前暴露真我了。

她很担心，下决心素颜见男友之前，都做了极大的心理准备。她说："要是他不喜欢我不化妆怎么办？画不画眉毛差别很大的，你们看我是不是特别奇怪？"

看着她焦虑的样子，我们哭笑不得。看来，这个姑娘真的从没在男友面前展露过真实的一面。

结果虽然不是特别完美，但也算真实。男友看到C小姐素颜的样子之后，只是淡定地说了句："黑了，但还是能认出来！"接下来，就忍不住破功笑了。

原来他是在打趣。C小姐不好意思地说："真的没有很丑吗？"

"说实话，不如你平时精致。但我很喜欢，这是我第一次见到你这么放松的状态。"男友说，"你总是那么隆重，我都不敢在你面前放松了，连开玩笑都不敢。"

而现在呢？按男友的话说，以真实的面貌、性格来交往的C小姐，才真正让他有了"女朋友"的感觉。没那么完美了，却近了许多。

你看，真正爱你的人，不会因为你脱掉了伪装就远离你。不要失去暴露真实的勇气，因为你始终都是被人爱的，不论变成什么模样，都会有喜欢真实的你那一面的人来爱你。

那时候，你就可以坦然享受爱情了。不用提心吊胆，也不用战战兢兢地伪装，这样的模样反而是灵魂最本真的样子，也是最有趣的样子。

没有人可以假装成更完美、更有趣的样子。你想变得更好，就一定要真实地变得更好。

为什么呢？朋友曾跟我说过“向下兼容”的原理，放在个性上也是共通的。一个人伪装的个性，也只能是“向下兼容”的，伪装成差一点的样子更容易，但想无死角地装成更好的模样，其实很难。

你如果能做到，那坚持久一点，自然就变成更好的样子了。之所以不是这样，就是因为自己做不到，装也装不成的。

所以，我们想要变成更完美的自己，靠伪装是完不成的。只有先勇敢面对自己、面对真实，再去提升和充实自己，才是唯一的办法。

我曾有个朋友，因为暴饮暴食很快发胖，又因为变形的身材而自暴自弃，更加暴饮暴食，进入一个恶性循环。她不愿意面对这样的自己，干脆丢掉了家里所有的镜子，渐渐地不爱出门、不爱见人，习惯了缩在自己阴暗的天地里。

直到有一天，我突然发现她又变得开朗了，开始减肥了，生活又有了希望。我问她：“最近发生了什么好事情吗？”

她告诉我，也没有什么特别的。只是有一天，她突然在小区门口的店门处看到了自己的倒影，才发现，自己已经这么胖了。

“逃避现实并不是解决问题的办法。就算我丢掉了所有的镜子，也一样改变不了别人眼中我的样子。”她苦笑着说。

不能直面真实的自己，就是最残酷的自欺欺人。她清醒了，也明白了。欺骗自己的心有什么用呢？唯一能做的，不过是变得更好，让自己从本质上变回原来的样子。

这样，就无论何时都风雨不侵了。做真实的自己，才是最没有风险的。

和有趣的人一起，过一辈子也不嫌长

想要过有趣的日子，有个捷径可走——找一个有趣的人来解救自己。

我身边，那些找男友不看脸的姑娘，倒是大概率更幸福一些。用她们的话说就是："去掉了一个筛选项，就可以在更广的范围里找有趣的对象了。"

而长相好看的人总有任性的资格，所以成长时缺乏竞争，往往灵魂的模样"长"得很随意。西方人认为金发女郎无脑，正是因为这样的女生很轻松就可以获得优待，就不那么急迫地要提升智商了。所以，帅哥们各有各的无聊之处，真相处起来，未必能抵上有趣之人的优势。

大概就是这个原因，让圈子里的女神Z小姐踢掉了自己帅气高大的前男友，找了如今这个看似平凡的丈夫。虽然她少了漂亮男友带来的虚荣心，但脸上多了笑容，不管是出现在照片里、视频里也好，还是现实中也罢，我看到的她在一天天变得更开心。

她嘴上总是挂着自己的丈夫，今天是他教自己用晾衣杆钓螃蟹，明天是他带自己去骑行、玩滑板，不是丈夫如何如何说，就是他又做了什么让自己佩服的事。虽然Z小姐嘴上总是嫌弃她的丈夫，但我们看得分明，她很崇拜、羡慕自己的丈夫。

她总是夸他：“他特别聪明。”“他很有趣。”“他知道很多我不懂的事情。”

这场婚姻并没有让他们的感情变淡，相反，她幽默风趣、懂得颇多的丈夫就像一本翻不完的书，而她不停地从这本书里学着如何过得快乐

Z小姐曾经也是个普通的姑娘，偶尔有些出格的点子，但并不敢尝试。结婚之后我们才发现，原来她也有那么多面，也是个那么有想法的人。

她会跟自己的丈夫半夜悄悄去涂鸦墙，做个街头的艺术家。半夜涂鸦，然后在城管和保安发现之前赶紧跑路，这样隐秘的刺激总让她忍不住发朋友圈炫耀。她也开始尝试一些有风险的、从前根本不敢试的事，甚至有一天还聊起了自己的创业想法。

我们很好奇：“你觉得能成功吗？真的不是天方夜谭吗？”

Z小姐不是很确定，却自信地说：“不试试怎么知道呢！反正他也支持我。”

和有趣的人在一起，是不是也会变得有趣起来呢？如果有心的话，我想是可以的。和有趣的人相处就像重生，你学到了这世界原来还有更多可能，发现生活有不同种度过的方式，看到一个全新的、不曾接触的领域……

有趣的人永远都知道怎么寻找新鲜乐趣，而跟着他们，你

也会不自觉被点燃，变得充满活力。所以，快找一个有趣的人共度余生吧！

和有趣的人在一起，过有态度的生活，你才会觉得有滋味。

表叔就是一个特别有趣的人，尤其是说话非常幽默。所以虽然表叔一生都不是一个普遍意义上的成功人士，也有这样那样的不足，但表婶每次说起他的时候，都是满脸带笑，两个人感情特别好。

表叔脾气很好，从来不生气，也懂得如何化解别人的愤怒。跟这样的人生活在一起，表婶的快乐也比旁人要多一些。

过年的时候，一家人聚会，在酒店里坐了满满两个包厢，表叔和表婶就坐在我旁边。服务员帮我们开酒时手不稳，一瓶昂贵的白酒洒了，还弄湿了表婶专门穿的新衣服。

当时，桌上不少人的脸色就变了，好多爱酒的长辈已经瞪起了眼睛，心疼自己还没喝到嘴里就洒了的好酒。表婶倒不爱酒，却心疼自己的衣服，又嫌服务员不小心，就想埋怨他。

表叔看到情况有点混乱，反而当先笑了两声。表婶以为表叔在笑话她，嗔怪地瞪了他一眼，表叔却说："你怎么不高兴啦？这么贵的酒当香水，你这辈子也就一回！今天，你可是最招摇的喽！"

听到表叔这样打趣的话，表婶一下子没忍住破功了，当场笑了出来。几个长辈看到表叔和表婶"打情骂俏"，也不好意思生气了，一个个调侃起了表叔。这样一来，表叔不经意之间就化解了一场尴尬，避免了不少摩擦。

表婶不好意思地对我说，表叔总是这样不正经的样子，我却特别羡慕他们之间的感情。听表婶说，表叔平时一直都这样风趣，所以他们平时很少吵架。

有一次真的闹了别扭，表婶故意不理他，两个人一整天都没说话。第二天，表叔下班的时候正好碰到了表婶在下楼，看样子是要下去丢垃圾。两个人还是冷战的状态，表婶就当没看见，没想到表叔冷不防说了一句："哟，这么巧，在这里都能碰到熟人啊！"

表婶板着的脸就撑不住了，回过头来一边笑一边打了表叔一下，当然并不疼。两个人之间的紧张气氛也就消失无踪了，更谈不上继续冷战。

表婶最后告诉我："别看我每天跟你表叔打打闹闹的，这样的日子才有意思呀！"

和一个有趣的人生活就是这样，也许你知道他也有一些不足，你也知道，彼此的生活是平凡的，你们也终究会遇到一些坎坷和磨难、遇到矛盾和危机，但你总会觉得不愿意离开他，总觉得这样的日子在平凡中也透露着趣味。如果真遇到了一个这样的人，不用太上进也不必出人头地，不需要一定过上别人眼中人人欣羡的日子，哪怕是平凡的烟火人生，也值得我们花上一生的时间去相伴。

与有趣的人生活，一辈子也是不嫌长的。哪怕我们不一定拥有最好的物质条件，却拥有最丰富的精神世界。而这个世界，就是那个有趣的人带给你的。

你的束缚都是自己给的

很多时候，我们身上的束缚并不源于别人，而是源于我们自己。

人生本来有更多可能，我们自己束缚了脚步，让自己迈不到更远的地方；我们减少了自己的选择，硬生生只留下的通路……丰富多彩的人生里，那个让我们越过越无趣的人，不是别人，正是自己。

很多人并未意识到自己有解开束缚的能力，也没有发现生活源于自身的选择。所以若是他们过得无趣了，第一个想法便是怨天尤人，埋怨别人没有给自己活得精彩的条件，没给自己创造更多发展的空间。

然而他们忘了，自己早已是个独立的成年人，明明能够掌控人生的航线，却依然放任这条船随波逐流，抑或是习惯了满足于别人的期待、走别人为自己规划的路，便自发放弃了自己的选择。既然一切都是自己做下的决定，又为什么在后悔的时候要埋怨别人呢?

记住，那些束缚着你、阻碍你去追求人生的，只能是你自己，也只有你自己。

我的妹妹小昕快要研究生毕业了，她现在面临的最大问题就是自己的工作与感情。

小昕在西北的某个省会读了研究生。在那里人生地不熟，又不是人人都乐意去的一线大城市，相比之下，还不如回到家乡发展更好，所以小昕之前从没想过要留在那里。

但天意总是难以捉摸，在求学的时候，小昕认识了自己现在的男友。男友是本地人，比小昕大两级，他们认识的第二年，男友就在当地找了工作。

小昕立刻变得紧张起来，她悄悄跟我说，自己估计要留在西北了。

“他已经买了房子，在这里又有了正式工作，日子过得也挺美的。我们俩年纪也差不多了，只要考虑结婚以后，我肯定就要留在这里。说实话，我还真有点儿接受不了。”小昕苦恼地对我说。

我知道她为什么纠结。一方面是对这座城市并没有太深的感情，还没有做好背井离乡在这里扎根的准备；另一方面则是放不下自己家乡的父母，不愿意把他们丢在千里之外的地方。

所以小昕纠结又犹豫，把自己逼得左右为难。快毕业了，她开始逃避找工作这件事，不管谁问都避而不谈，要不就以十分烦躁的态度应对。这样一来，搞得父母和男友都小心翼翼的，不知道该如何是好。

父母劝小昕：“我们都尊重你的想法，支持你的决定。”

男友也告诉小昕："不管你怎么选，我都有办法解决其他问题。"

所有人都没有逼迫她，也没有给她太大的压力，但这种尊重和自由却让小昕觉得压力更大了。她说："我怎么觉得自己根本没有选择？无论怎么选，都要对不起一方。"

她陷入一种没来由的纠结中，只有自己在烦躁，旁人却根本没有想那么多。在小昕眼里，自己可选的道路非常少，如果选择跟男友在一起，就必然要留在当地，但这就只能跟父母异地两隔了。可如果要选回到父母身边，就可能面临分手的境况。

"你可以先做选择，再跟他们商量对策啊？为什么一定要自找烦恼呢？"我实在忍不住这样问她。

"难道还有其他的选择可以做吗？"小昕却被勇气、见识所限，从没想过自己还可以走出另外一条路来。

于是我让她去问一问，如果做了选择，父母和男友又会如何应对。

小昕的父母说："如果你选择了留在西北，那我们就等过两年退休卖了家乡的房子，去那边投奔你。只要咱们家还在一起，哪里不能去！"

小昕的男友则说："你要是选择回家，我也可以去你所在的城市发展。这边的婚房就卖了，去你那边安家。我爸妈说了，男儿志在四方，他们还劝我们一起去一线城市闯一闯。"

是啊，除了这两个简单的选择之外，他们还可以一起去更大的城市发展和打拼，两个人都重新开始。连已经安稳下来的男友都没有抗拒这样的提议，可小昕连这种可能性都没有想过。

因为她下意识地觉得，这些选择都是不可能实现的，现实永远比想象中更加残酷，所以她早就在内心否定了自己，更没想过进行一丝一毫的努力。

她连为自己争取都不敢，连说出自己的想法都不敢，早就做好了悲观的选择，替自己也替别人安排得明明白白了。然而事实上呢？生活远比想象更戏剧化，有勇气的人比想象中更多，我们能走的路也比想象中更多。

最后小昕放松了不少，她说，自己要好好考虑找个好工作，反正不管去哪里，男友和父母都会支持她。突破了这个思想枷锁之后，她觉得自己可选择的空间突然大了起来，以前逼得自己喘不过气的那些问题，现在都迎刃而解了。

很多时候，这些束缚就是我们自己给予自己的。我们原本可以不必那么悲观，也不用把思维局限在一个固定的地方，而是可以去想象、尝试更多可能。固化的思维束缚了我们的发展，也让我们的生活变得可猜可见起来，失去了很多乐趣。但只要你突破思维的局限，解开身上的枷锁，去多想一想试一试，就会发现，原来还可以走出其他的路、通向其他的结果。

这个过程既要多尝试，也要多交流。尝试才能让我们发现更多可能，交流才能让我们从身边人那里获得支持。一个人思考的可能性总是有局限的，但若是在交流中得到别人的支持和建议，我们就能打开一个更大的世界。

我的同事苏菲，就是一个特别敢想敢做的人，在她的身上，我看不到任何束缚，她就像一只自由的鸟，永远能够享受无垠的天空。

她的亲人从来不会给予她过多的负担，也不会要求她做怎样的人，所以她才能走到现在。我有时特别羡慕，也将这种态度流露了出来。

苏菲却告诉我，亲人并非一开始就是这样的。能够活成现在这样自由自在、敢于尝试的模样，有赖于她日复一日的亲密沟通。

“我从来不会给自己莫名其妙的心理负担和压力。”苏菲笑着说，“只要遇到解不开的难题，我就会立刻跟自己的亲人和朋友探讨，既征求他们的建议，又让他们理解我的想法。”

这既能帮助苏菲缓解自己的压力、刺激自己的思维，又让她的亲人始终明白她在做什么，理解她的想法。若是有人一时不理解，苏菲也会不厌其烦地用道理说服对方，用自己的亲身经历来证明自己的选择。这样，她才为自己争取到了如今的自由空间。

苏菲告诉我，自己的争取是非常重要的。我们在工作时，会记得向公司解释自己的想法以争取同意，会记得跟甲方交流以消除彼此的误会，会始终跟客户对接保障信息传达到位，为什么放到自己的人生选择上，却不知道跟身边重要的亲人多交流呢？为什么在自己的人生路上，不知道多做一个方案、多尝试一些可能性呢？

过好这一辈子，原本是我们最重要的事业，容不得半点敷衍。所以，当你觉得压力重重、束缚重重、前途渺茫又无趣的时候，不如多花点时间和心力在这上面，给自己最大限度的自由，去做深思熟虑的选择。